TURING 图灵原创

从零构建
向量数据库

Build a VECTOR DATABASE from Scratch

罗云 ◎ 著

人民邮电出版社

北 京

图书在版编目（CIP）数据

从零构建向量数据库 / 罗云著. -- 北京 : 人民邮电出版社, 2024. -- （图灵原创）. -- ISBN 978-7-115-64978-2

Ⅰ. TP311.13

中国国家版本馆CIP数据核字第2024EG3308号

内 容 提 要

这是一本需要"动手实践"的图书，通过带领大家从零构建一款分布式向量数据库，让大家透彻理解向量数据库的技术原理和实现细节。

本书共分为三大部分，内容由浅入深、循序渐进。"第一部分　认识向量数据库"（第 1～3 章）是基础篇，介绍向量数据库的基础知识，涵盖向量及数据库的基本概念、向量数据库的发展历程和核心能力。"第二部分　构建向量数据库"（第 4～6 章）是核心篇，详细介绍如何从零开始构建并优化向量数据库，巨细靡遗地展示数据库内核的技术实现细节并辅以代码示例、技术架构图等，旨在让大家真正实现动手写向量数据库。"第三部分　向量数据库的实践与展望"（第 7～8 章）是结束篇，通过实践案例展示向量数据库在 AI 应用中的使用方法，并尝试勾勒向量数据库的未来。

本书面向数据库开发人员、数据库管理员、数据库架构师等数据库从业人员，AI 从业者，以及其他对向量数据库感兴趣的读者。

◆ 著　　　　罗　云
　 责任编辑　刘美英
　 责任印制　胡　南

◆ 人民邮电出版社出版发行　　北京市丰台区成寿寺路11号
　 邮编　100164　　电子邮件　315@ptpress.com.cn
　 网址　https://www.ptpress.com.cn
　 涿州市殷润文化传播有限公司印刷

◆ 开本：800×1000　1/16
　 印张：13.25　　　　　　　　　2024年 8 月第 1 版
　 字数：310 千字　　　　　　　2025年 4 月河北第 5 次印刷

定价：69.80元
读者服务热线：(010)84084456-6009　印装质量热线：(010)81055316
反盗版热线：(010)81055315

专家推荐

在 AI 迅猛发展的今天，信息通信领域正与 AI 深度融合。可以预见，向量数据库将在信息通信领域的数据处理中扮演关键角色。《从零构建向量数据库》一书是罗云及其团队在 AI 领域探索的智慧结晶。它不仅深入揭示了向量数据库的工作原理，更提供了丰富的场景案例和实践启发。无论是 AI 技术的探索者，还是 AI 应用的创新者，都能从这本书中获得宝贵的灵感和指导。

——王江舟，中国工程院外籍院士

罗云是云计算行业早期的从业者和资深专家，在数据库、网络和分布式系统方面具有丰富的经验。本书从实践出发，深入浅出地讲解了如何打造高性能向量数据库，推荐大家阅读。

——刘颖，腾讯云副总裁

AI 的发展呼唤多模态数据的统一表征和管理，向量数据库应运而生，是数据库大家族的新宠。本书深入浅出地介绍其基本概念，从零开始、逐步深入、重视实战，是学习向量数据库很好的参考书！

——杜小勇，中国人民大学信息学院教授、教育部数据工程与知识工程重点实验室主任

《从零构建向量数据库》汇集了罗云以及腾讯云数据库团队多年服务于腾讯集团及其外部客户的丰富经验。书中内容浅显易懂，非常适合对向量数据库技术感兴趣的技术人员阅读。

——李国良，清华大学教授、IEEE Fellow

在"AI 平民化"浪潮中，向量数据库作为新兴技术，正迅速成为 AI 应用的基石。本书以其深入浅出的讲解和实战导向的内容，填补了市场空白。推荐数据库和 AI 相关领域的从业者阅读。

——刘知远，清华大学副教授

作者以其深厚的学术功底和丰富的实践经验，娓娓道来向量数据库技术的复杂概念，并带领读者从 0 到 1 构建完整的向量数据库。本书既包含向量技术理论，也有分布式数据库的实践经验，同时阐述了相关的应用场景，不仅适合数据库领域的专业人士阅读，也适合对 AI 技术感兴趣的朋友参考。

——杨成虎，北京枫清科技联合创始人 & CTO

推荐序：一切都是最好的安排

盖国强，云和恩墨创始人、鲲鹏 MVP（最有价值专家）

罗云在前言中特别感谢了他的编辑，"正是你的一封电子邮件建立了我们的联系"。这句话将我的记忆拉回到了 2004 年，那时我刚到北京不久，也正是因为一封邮件和我的编辑以及人民邮电出版社建立了连接，并随后结缘 20 年。

我们和技术的缘分往往也是如此，始于偶然，成于坚持。

作者及其团队在向量检索领域探索多年，在非结构化数据计算需求的驱动下，以不断完善的创新产品服务了海量用户，并积累了诸多先行者的宝贵经验。而后，随着大模型的崛起，向量数据库的作用一夜之间为天下所周知。

所有技术方向的成就，我以为都是如此。正是经过了艰苦的磨砺、需求的锤炼，向量数据库才迎来厚积薄发、一鸣惊人的时刻。

2023 年 7 月，在腾讯云向量数据库（Tencent Cloud VectorDB）的发布演讲中，我见证了罗云对向量数据库的深刻理解和洞察。就广泛服务个体的场景而言，腾讯对向量计算有着最广泛的产品需求，也正因如此，腾讯云向量数据库才展现出卓越的技术竞争力。

纸上得来终觉浅，绝知此事要躬行。作者有言，这是一本偏重实战、需要动手的图书，唯有动手躬行、亲身体味，才有可能理解一项技术的本质。读一本书，最重要的就是理解作者思想和经验的精髓。我以为，"实战、动手"就是作者最核心的真知所在。

当然，本书的前两章和最后一章在内容上相互关联，读者完全可以将其作为科普性质的阅读材料结合起来阅读，不必动手就能对向量数据库建立基础的认知。这三章内容涵盖了向量数据库的过去、现在与未来，其中处处可见作者的亲身之经历和深切之思考。

我在写作自己的新书时，曾就向量数据库部分的写作向作者请益，并从中收获不菲。而今作者的专著付梓，及时填补了向量数据库图书的空白，是对行业的重要贡献，我相信所有读者都可以从中获益。

阅读本书还有另一层现实意义，我们可以从中了解日常使用的种种腾讯产品，是如何做到快速精准地回答、高效智能地搜图、千人千面地推荐的……这一切的背后，都有一个向量数据库在飞速运行。

万物皆可向量，开卷必有知来。

推荐序：未来数据管理漫游指南

王昊奋，同济大学特聘研究员、OpenKG（中文开放知识图谱联盟）发起人

在新一拨 AI 飞速发展的大模型时代，向量数据库已经成为一种新型基础设施，其重要性堪比 PC 互联网时代的关系型数据库和移动互联网时代的大数据。不管是周边从业者想一窥向量数据库的究竟，还是行业从业者想要真正掌握向量数据库，都需要系统的学习资料——在技术一日千里和学习者对相关知识渴求强烈的背景下，作为一名始终关注前沿技术的 AI 从业者，很开心见证《从零构建向量数据库》一书的面世。

这本书由实践经验丰富的腾讯云向量数据库负责人罗云老师撰写，全面而详尽地介绍了向量数据库的构建及其在各种应用场景中的实际运用，旨在帮助大家在掌握理论知识的前提下，做到真正从零打造一款分布式向量数据库。同时，书中为大家展示了向量数据库的广阔前景和强大潜力。细细看来，这本书有三大特色。

基础与理论的深入探讨

本书从基础知识开始讲起，详细介绍了向量数据库的概念、原理及其体系结构。罗云老师通过简洁明了的语言，通俗易懂的比喻，确保大家能够快速掌握向量数据库的核心思想和技术要点。同时，他还深入探讨了向量化表示、相似度查询、向量索引等关键技术，帮助大家建立起完备的知识体系，为接下来的实战操作打下坚实的理论基础。

实战与构建的系统讲解

作为一名 AI 从业者，尤其是在构建 RAG（retrieval-augmented generation，检索增强生成）的过程中，我深知选用合适的向量数据库对项目成功的重要性。通过本书的系统讲解，大家可以全面了解向量数据库的构建过程，包括数据导入、索引构建、查询优化、性能调优等每一个关键环节。罗云老师结合自身经验，分享了大量底层细节和实用技巧，使读者不仅能知其然，还能知其所以然。这对于任何希望在实际项目中应用向量数据库的从业者来说，都弥足珍贵。

横向与纵向的全面扩展

在 AI 时代，向量数据库不仅局限于某一单一应用场景，而是可以横向扩展，支撑各种模态，包括文本、图像、音频、视频等，方便在不同场景中灵活迁移。本书介绍了如何构建一个高扩展性的向量数据库系统，使其能够灵活适应多种数据类型和应用场景。同时，在纵向扩展方面，本书展望了如何对接各种通用或领域大模型，并与企业或行业的生产系统、大数据系统进行无缝衔接，实现研发与运维的一体化。

《从零构建向量数据库》是一部理论与实践并重的技术书，更是一部揭示未来数据管理方向的重要指南。诚挚地将本书推荐给所有对向量数据库感兴趣的读者，希望它能够为诸位的学习和工作带来启发和实质性的帮助。

前　言

2023 年被大家称为"AI 平民化"元年。在近一两年内，我们进入了快速崛起的 AI 新时代。新名词、新概念、新技术不断涌现，例如 Transformer、GPT、大模型、AI Agent（AI 智能体）、思维链、向量数据库，等等。我们花了不少的时间去跟踪和学习这些新技术。在此期间，我们发现一些传统的数学概念被反复提及，例如向量、矩阵和张量，等等。其中，向量被大家谈论得最多。

应该说，向量不仅是传统的数学概念。通过深度学习模型，我们可以将人类社会产生的各种数据转换为以向量表示的数据，可谓"万物皆可向量"。以向量表示的数据就称为"向量数据"。基于向量数据中蕴含的信息，AI 技术可以方便地理解人类社会的各种数据。由此，向量数据将逐步成为AI 技术落地人类社会的基础数据。

既然向量数据举足轻重，如何高效地管理向量数据就变得越来越重要。经过几十年的发展，数据库技术已经是计算机科学中专门用来高效管理数据的一个重要技术分支。受限于传统数据和向量数据的区别，传统的数据库技术无法应对向量数据在高维度、高精度和大规模场景下带来的挑战。作为一个新兴的数据库方向，向量数据库针对向量数据的特点专门进行了设计，能更好地存储、索引和查询向量数据，虽然发展时间不长，但是细节颇多，值得我们一起深入学习和探讨。

为什么写

作为一名从事计算机行业十余年的专业人士，我深刻理解"动手学"的力量。读研期间通过实践经典书中的源码得以"大彻大悟"的情景至今依然历历在目。记得当时虽然早已能够熟练解决众多算法和编程问题，但我对计算机底层的运作机制却只知其表，不知其里。具体到操作系统如何调度进程、分配内存资源以及执行 I/O 操作，我的理解只停留在理论层面。最终，通过深入研读并动手实践《深入理解 LINUX 内核》和《深入理解 LINUX 网络技术内幕》这两本书中的丰富源码，我认识到计算机行业并无神秘之处——归根结底，都是程序员在通过编写代码来操作 0 和 1。

自此之后，我养成了通过实践来深入理解新技术的习惯。动手操作技术背后的代码，比仅仅理解其概念，学习要更为彻底。对于很多初学者来说，数据库技术似乎有着不低的门槛，许多人认为其背后隐藏着复杂的"黑科技"。实际上，数据库是一门基于操作系统和分布式理论的技术，它通过软件实现对数据的复杂管理，经过多年的发展，现已有大量的理论和实践图书供行业新人参考。

至于向量数据库这一新兴技术领域，市场上尚缺一本指导读者从基础代码开始构建向量数据库的图书。幸运的是，我和我的团队在这个领域已耕耘多年，服务了众多客户，并积累了行业先行者的宝贵经验。基于这些经验，我希望从最基本的"Hello World"代码开始，带领你从源码层面动手写自己的向量数据库。我相信，通过这一过程，"高科技感"的向量数据库将不再神秘。

我知道，由于个人的理解和写作水平有限，本书无法做到面面俱到，也不能保证万无一失。但如果这本书能让正在阅读的你对向量数据库有更多了解，并能上手打造一个原始简略版的向量数据库，那么它之于我的价值将不可估量。

写给谁

本书是一本实战类图书，也涉及简单的原理解析，书中的技术点都是初级程序员就可以理解的。如果你完全不了解编程，建议先打好编程基础，毕竟书里有不少需要你动手操作的源码。

- □ 如果你对向量数据库感兴趣，想深入了解向量数据库源码级别的构建过程，本书将教你从零打造一款分布式向量数据库。内容涉及：如何从单机数据库引擎开始构建索引系统，如何增强系统的故障恢复能力，以及如何实现数据库的分布式和集群运作，包括数据复制、流量调度和元数据管理等核心技术。
- □ 如果你对数据库领域感兴趣，想深入了解数据库源码级别的构建过程，本书同样适合你阅读——分布式向量数据库的完整构建过程涵盖了这一领域的核心知识。
- □ 如果你对 AI 应用开发感兴趣，想了解 AI 应用背后的向量数据是如何生成和管理的，本书将介绍向量数据与大模型的关系，并带你学习向量数据库查询的整个流程。这将帮助你更好地结合向量数据库优化 AI 应用，更新知识，更有效地应对 AI 应用落地过程中的挑战。
- □ 如果你是 AI 应用开发专家或数据库领域的专家，希望帮助本书发现改进之处，推动行业发展，本书也值得一读。阅读本书可能会激发你更多有价值的思考。向量数据库是一个较新的领域，更多的信息共享无疑会促进这一领域的进步。

核心特色

这本书偏重实战。前文提到，"动手实践"的学习方式让我本人受益良多，因此，我希望能通过本书与你真正"共享"这种学习方式。本书并不打算深入探讨向量数据库背后的 AI 技术原理，而是更多关注向量数据库本身，引导你一步步构建自己的向量数据库，从而逐渐产生理解："原来向量数据库是这样运作的。"当然，在动手实践之前，我会介绍一些必要的背景知识，且尽可能精简，只选择对数据库从业者而言必要的技术深度。

本书的核心部分（从第 4 章到第 7 章）内容，主要由代码段（包含详细的注释）及代码实现原理与解析组成。其中的代码完全由我从零开始编写，涉及从向量数据库内部最简单的扁平索引到稍微复杂一些的 HNSW（Hierarchical Navigable Small World，分层可导航小世界）索引等内容。在这个过程中，我会借助行业现有的开源代码来构建自己的服务。这是一种高效的软件开发实践，毕竟，我们没有必要每次都重新"造轮子"。

为了让你更深入地体验这种学习方式带来的乐趣，我会带领你再次从零开始，基于前面自制的向量数据库构建端到端的 AI 应用，实现真正的"吃自己的狗粮"。想象一下，从 Web 页面到底层的向量存储、索引和查询，全部都是由你自行构建的，你一定会有极大的成就感——相信我，跟随本书，你会达到这样的水平。

怎么读

内容结构

本书共分为三大部分，内容按照由浅入深、从基础到实践循序渐进安排。你可以按章节顺序阅读本书；若已熟悉某一部分，可选择跳过。如果你想要从零构建一款向量数据库，我强烈建议你按照顺序阅读。

第一部分　认识向量数据库（第 1 ～ 3 章）

作为本书的背景知识介绍篇，本部分旨在帮助你奠定必要的理论基础。

- 第 1 章：介绍向量及向量数据库的基础知识，普及关键概念——向量、数据库、向量数据库。
- 第 2 章：介绍向量数据库这一新兴技术的发展历程，包括关键技术的进展、相关企业与创业团队的成长历程，以及目前业界常见的几种架构模式。本章有助于你从宏观角度把握技术演进。
- 第 3 章：以腾讯云向量数据库（Tencent Cloud VectorDB）为例，带领你探索向量数据库核心功能的实现。如果你准备自行开发或深度使用向量数据库，本章属于基础知识。

第二部分　构建向量数据库（第 4 ～ 6 章）

本部分是本书的核心篇，详细介绍如何从零开始构建并优化向量数据库。本部分对各个技术细节都有详尽的讨论和示例。

- 第 4 章：从零开始构建单机向量数据库。本章基于模块化的设计理念，使用一些成熟的开源组件，逐步加入通用软件和数据库技术，并应用数据库行业的持久化和故障恢复技术，最终完成单机向量数据库的构建，使其小而完备，达到某些开源单机向量数据库的原型水平。

- 第 5 章：在单机向量数据库的基础上继续开发分布式向量数据库，涉及元数据的有效管理、流量调度和异常处理等。从本章开始，我们的向量数据库将具备支持一定规模的向量数据管理场景的原型水平。如果你希望理解分布式系统底层机制，以及想了解如何将单机系统扩展为分布式系统，一定不要错过这一章。

- 第 6 章：基于前两章构建的分布式向量数据库，本章将展示如何对数据库进行优化，包括性能、成本和易用性三个方面。性能优化方面将探讨如何利用 CPU/GPU 的计算能力提升性能；成本优化方面则关注简化业务部署模型以降低运营成本；最后讨论如何使向量数据库产品更易于开发者使用，如提供良好的 SDK 和数据备份机制，这对推广新技术至关重要。

第三部分　向量数据库的实践与展望（第 7 ～ 8 章）

本部分是本书的结束篇，围绕实践和展望进行阐述。通过本部分的学习，你不仅能够将书中的理论知识与实际操作相结合，还能展望技术未来，帮助自己为学习和职业生涯规划找明方向。

- 第 7 章：本章从实践角度出发，验证我们自行开发的向量数据库在 AI 应用中的使用方法。我们将实现第 1 章提到的以图搜图和知识库，这两个场景近年来在 AI 应用中使用广泛。

- 第 8 章：本章将回溯计算机行业的发展历程，以此为出发点，探索向量数据库的未来。一方面，聊一聊为何向量数据库有可能成为一项平台级的技术；另一方面，基于当前向量数据库在 RAG（retrieval-augmented generation，检索增强生成）场景中的应用，拓展讨论向量数据库未来的发展。本章旨在与你共同思考和展望向量数据库的长远趋势。

资源及其他约定

你可以在图灵社区本书主页（ituring.cn/book/3305）下载所有的源码，结合近万行代码一边读一边动手实践。

1. 层次结构式思维导图

在部分章节，为了帮助你快速掌握向量数据库的核心功能和模块的组成，本书以层次结构的形式给出了相关知识点的思维导图。无论你是希望理解还是实现向量数据库，阅读之前，记得先浏览思维导图，以做到胸中有数。

2. 版本迭代与升级

本书中，我们一起构建的向量数据库将经历从 v0.0.1 到 v0.6 多个版本的迭代与升级。从 v0.0.1 升级到 v0.0.2 这种小版本号变化，本书称为一次版本迭代；而从 v0.0.2 升级到 v0.1 这种大版本号变化，本书称为一次版本升级。每个版本都会实现特定功能的添加或者更新。为了方便你实现对应版本的功能，同时能够随时了解或者回顾，本书在目录中加入了版本号的迭代与升级。另外，对于重大版本更新，我们还在相应章的"小结"一节提供了版本架构图，这将有助于你全面理解向量数据库的实现方式和架构变化。

3. 新增 / 更新的模块和引入的功能列表

本书以表格形式列出了各版本中新增 / 更新的模块和引入的功能列表，这样做的目的是帮助你更好地理解向量数据库的核心能力，最终自己动手实现代码。

在阅读过程中，请充分利用书中提供的源码、思维导图、架构图、版本信息模块及功能列表这些资源。这些都是我精心设计的重要工具，来帮助你更有效地学习本书内容。

4. 开源库

有很多开源项目已经封装好了我们需要的功能，这时候我们无须自己编写代码，直接引用开源库来实现即可。表 0-1 列出了本书引用的开源库及许可协议。

表 0-1　本书引用的开源库及许可协议

名　　称	简单描述	许可协议
FAISS	向量管理库	MIT
RapidJSON	JSON 库	BSD
cpp-httplib	HTTP 服务库	MIT
HNSWLib	向量管理库	Apache-2.0
spdlog	日志管理库	MIT
RocksDB	键 – 值存储数据库	GPLv2、Apache-2.0
RoaringBitmap	位图管理库	Apache-2.0
NuRaft	Raft 协议实现	Apache-2.0
Etcd	键 – 值存储系统	Apache-2.0
gRPC	远程调用框架	Apache-2.0
jwt-cpp	鉴权管理库	MIT
BGE	语义向量模型	MIT
Flask	Web 应用开发框架	BSD-3-Clause

致谢

我要将这本书献给我的家人，特别是我的夫人龙晓庆。过去一年里，为了支持我更好地利用业余时间写作，你陪我一起放弃了所有的节假日，书中的部分插图也是你帮我绘制的。没有你的支持，我绝不可能完成这本书。同时，感谢我的母亲，帮助夫人一起无微不至地照顾整个家庭；感谢我的儿子和女儿，你们或许暂时还不明白这本书对于我的意义，但你们对书的编写过程充满了好奇心，让我非常感动，也是你们，给了我最大的能量。

感谢我在腾讯云的同事们。腾讯云是国内较早实现向量数据库落地的云厂商，我在书中的很多理解都来自与大家的讨论，以及服务客户过程中的实践。我相信，如果没有我们团队夜以继日的努力，就不会有如此优秀的产品；没有这个产品，我也无法从中汲取如此多的精华来完成这本书的写作。

特别感谢这本书的编辑刘美英。正是你的一封电子邮件建立了我们的联系，你给了我尝试编写这本书的动力。对于一名初次尝试写书的程序员，这个过程绝不简单。无论是在结构设计上，还是文本修改上，本书都经过了多轮迭代。其间，你的指导和意见让我受益颇多。可以说，正是有了你的坚持和专业，这本书才能顺利与读者见面。

感谢在我职业生涯中帮助过我的所有人，包括老师、亲人、同事和朋友。你们见证了我从一无所知的少年成长为在行业内有些许影响力的程序员。没有你们的支持和包容，就没有今天的我。

最后，感谢购买本书的所有读者，很荣幸通过本书与你相识。作为较早接触向量数据库的从业者，没想到我能这么快"学以致用"，将自己的知识以如此了不起的方式分享给更多读者。如果你希望在 AI 大浪潮中搏风击浪，期待本书能够成为你伟大航行的起点。我始终坚信"Think big, do small"的理念，只有拥有宏伟的愿景，我们才能不断攻克难关，勇往直前！

目　录

第一部分　认识向量数据库

第1章　向量数据库基础 ……… 2

1.1　向量 ……… 2

　1.1.1　什么是向量 ……… 2

　1.1.2　万物皆可向量 ……… 4

　1.1.3　向量间的相似度 ……… 6

　1.1.4　相似度应用案例 ……… 8

1.2　数据库 ……… 11

　1.2.1　什么是数据库 ……… 11

　1.2.2　关系型数据库 ……… 13

　1.2.3　非关系型数据库 ……… 14

　1.2.4　传统数据库的限制 ……… 15

1.3　为什么需要向量数据库 ……… 16

　1.3.1　向量数据和传统数据的差异 ……… 16

　1.3.2　向量数据库应运而生 ……… 17

　1.3.3　大模型时代的智能存储平台 ……… 18

1.4　小结 ……… 19

第2章　向量数据库极简史 ……… 21

2.1　孕育期（1980—2012） ……… 21

　2.1.1　深度神经网络的飞速发展 ……… 22

　2.1.2　深度神经网络 vs 向量数据库 ……… 23

2.2　诞生期（2012—2017） ……… 24

2.3　成长期（2017年至今） ……… 25

　2.3.1　行业发展简况 ……… 26

　2.3.2　代表性产品能力对比 ……… 27

　2.3.3　代表性产品技术架构 ……… 28

2.4　小结 ……… 32

第3章　向量数据库的核心能力 ……… 33

3.1　基础能力 ……… 33

　3.1.1　逻辑层次 ……… 34

　3.1.2　索引 ……… 39

　3.1.3　关键指标 ……… 42

3.2　高阶能力 ……… 43

　3.2.1　动态 schema ……… 43

　3.2.2　别名机制 ……… 44

　3.2.3　向量化 ……… 45

　3.2.4　混合查询 ……… 46

3.3　小结 ……… 47

第二部分　构建向量数据库

第4章　实现单机向量数据库 ……… 50

4.1　实现向量数据索引 ……… 50

　4.1.1　FAISS 核心功能 ……… 51

　4.1.2　实现扁平索引 ……… 56

▶ 初始版本 v0.0.1 ……… 62

　4.1.3　HNSWLib 核心功能 ……… 63

　4.1.4　实现 HNSW 索引 ……… 70

▶ 版本迭代 v0.0.2 ……… 73

4.2　实现混合数据索引 ……… 74

　4.2.1　实现标量数据索引 ……… 74

4.2.2　统一管理入口 ·················· 76

▶ 版本升级 v0.1 ······················· 79

4.2.3　实现过滤索引 ·················· 80

▶ 版本迭代 v0.1.1 ··················· 86

4.3　**实现系统异常恢复** ················ 87

4.3.1　数据日志持久化 ·············· 87

▶ 版本迭代 v0.1.2 ··················· 91

4.3.2　数据快照持久化 ·············· 92

▶ 版本升级 v0.2 ······················· 97

4.4　**小结** ································· 97

第 5 章　实现分布式向量数据库 ······· 99

5.1　**集群数据管理** ····················· 100

5.1.1　认识 NuRaft ··················· 102

5.1.2　建立主从关系 ·················· 106

5.1.3　实现数据复制 ·················· 110

▶ 版本升级 v0.3 ······················· 113

5.2　**集群流量管理** ····················· 113

5.2.1　集群的元数据管理 ··········· 114

5.2.2　统一的流量入口 ·············· 117

5.2.3　读写分离 ························· 121

5.2.4　保证读写一致性 ·············· 122

▶ 版本升级 v0.4 ······················· 123

5.3　**集群异常管理** ····················· 123

5.3.1　发现新主节点 ·················· 123

5.3.2　发现故障从节点 ·············· 125

5.3.3　实现故障切换 ·················· 127

▶ 版本升级 v0.5 ······················· 128

5.4　**集群的分片** ······················· 130

5.4.1　配置集群的分片策略 ········ 130

5.4.2　根据分片策略转发请求 ····· 132

▶ 版本升级 v0.6 ······················· 139

5.5　**小结** ································· 140

第 6 章　优化向量数据库 ·············· 142

6.1　**性能优化** ·························· 143

6.1.1　利用指令集优化向量计算 ······ 143

6.1.2　优化查询算法 ·················· 144

6.1.3　优化通信协议 ·················· 147

6.1.4　自定义基准测试工具 ········ 149

6.2　**成本优化** ·························· 154

6.2.1　多模块混合部署 ·············· 155

6.2.2　单节点部署 ····················· 158

6.3　**易用性优化** ······················· 160

6.3.1　SDK ······························ 160

6.3.2　访问鉴权 ························· 162

6.3.3　数据备份 ························· 169

6.4　**小结** ································· 172

第三部分　向量数据库的实践与展望

第 7 章　向量数据库实践案例 ·········· 176

7.1　**搭建图片查询系统** ··············· 176

7.1.1　图片向量化 ····················· 176

7.1.2　图片上传和查询 ·············· 179

7.1.3　系统效果一览 ·················· 181

7.2　**搭建个人知识库** ·················· 182

7.2.1　知识预处理 ····················· 182

7.2.2　知识向量化 ····················· 183

7.2.3　知识库管理 ····················· 184

7.2.4　知识问答 ························· 185

7.2.5　系统效果一览 ·················· 186

7.3　**小结** ································· 187

第 8 章　展望 ···························· 189

8.1　**从行业演进视角看** ··············· 190

8.1.1　人类调度数据新范式 ········ 190

8.1.2　向量数据抹平数据格式差异 ··· 192

8.1.3　向量数据库平台化的关键 ··· 193

8.2　**从行业应用视角看** ··············· 194

8.2.1　RAG 简介 ······················ 195

8.2.2　降低 RAG 使用门槛 ········· 196

8.3　**小结** ································· 197

第一部分
认识向量数据库

在我看来，要深入理解一个概念，很有效的一种方法是遵循"自底向上"的学习路径：首先掌握其核心概念，然后逐步深入相关应用和场景。这种方法强调从基础到复杂逐步构建知识体系的过程。在探索向量数据库时，我们也将采取这种学习策略。

在第一部分中，我们将从向量数据库的根基——向量的概念和特性讲起，揭示其与传统数据库的本质区别，并探讨向量数据库在现代数据处理中的必要性和优势。随后，我们将穿越向量数据库的发展简史，从这项技术的孕育期到如今的成长期，了解其演进历程和当前的行业应用状况。最终，我们将深入向量数据库的核心能力，包括其基础功能和高级技术特性，为你呈现这一技术领域的全貌。

第 1 章
向量数据库基础

洞察先于应用。

——马克斯·普朗克（Max Planck）

本章中，我们首先从向量的基本概念入手，阐述向量的定义、特性及其在各个领域的应用，尝试了解"向量数据库"的"向量"部分。然后，我们来回顾一下数据库技术的发展历程，从关系型数据库到非关系型数据库，逐步理解数据库技术的演进脉络，从而学习"向量数据库"的"数据库"部分。最后，我们将分析向量数据与传统数据的差异，探讨为什么需要专门的向量数据库来处理向量数据，并展望向量数据库在大模型时代中可能扮演的角色。

1.1 向量

在日常生活中，我们经常会遇到各种非结构化数据，如文本、图像、音频和视频等。为了更好地理解和分析这些数据，我们需要将它们转换为一种可以用数学方法处理的表示形式。向量就是这样一种表示形式。通过本节内容，你将了解向量在现实世界中的重要作用，为相关领域的研究和实践提供有益的参考。让我们一起开始探索向量的世界吧！

1.1.1 什么是向量

想象一下，在一个愉快的周末下午，爸爸开车带着妈妈、两个孩子（哥哥和妹妹）去一家新开的商场购物。这个看似平常的生活场景里，随处可见向量和标量的身影。

1. 向量

前往商场的路上，爸爸需要根据导航来确定行驶的方向。导航会告诉爸爸"前方 500 米左转"，这里的"前方 500 米"就是一个向量。这个向量告诉我们路口与当前位置的距离以及行驶的方向。

在生活中，以向量形式存在的数据不计其数，如风（即风向量，用符号表示风速和风向）、力等，它们都是包含大小和方向两个要素的量，如图 1-1 所示。

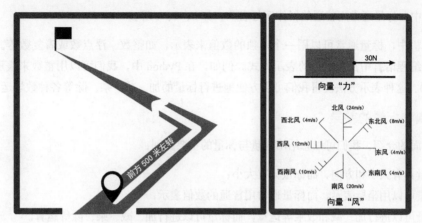

图 1-1　生活中的向量

在数学中，向量通常用黑斜体字母表示，如 a、b、c 等。向量也可以用坐标表示，例如二维平面上的向量 a 可以表示为 $a=(x,y)$，其中 x 和 y 分别表示 a 在 x 轴和 y 轴上的分量。类似地，三维空间中的向量可以表示为 $a=(x,y,z)$。事实上，向量可以扩展到更高维度，如四维、五维等。在这种情况下，向量可以表示为 $a=(x_1,x_2,x_3,\cdots,x_n)$，其中 n 表示向量的维度。

在计算机中，向量可以用一个浮点数组来表示。例如，一个三维向量可以表示为 $[x,y,z]$，一个四维向量表示为 $[x_1,x_2,x_3,x_4]$，以此类推。这种表示方法使得我们可以方便地进行向量的各种数学运算。在几何意义上，两个向量的和向量是一个向量的首与另一个向量的尾组成的向量；与当前向量大小相等、方向相反的向量，我们称之为当前向量的负向量，两个向量的差向量可以转化为一个向量与另一个向量的负向量的和，如图 1-2 所示。

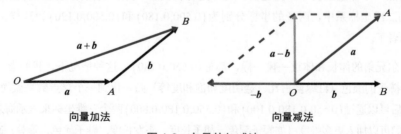

图 1-2　向量的加减法

2. 标量

抵达商场后，妈妈看中了一件漂亮的衣服，她比较关心衣服的价格。看到价格标签上写着

"200 元"，她心里盘算这个价格是否合适。这里的 "200 元" 就是一个标量，标量只标示数值的大小，而不涉及方向。生活中的标量还有很多，比如温度、质量等。

在数学中，标量通常用普通的斜体字母表示，如 a、b、c 等。

在计算机中，标量通常可以用一个单独的数值来表示，如整数、浮点数或者复数等。这些数值类型在各种编程语言中都有对应的表示方式。例如，在 Python 中，我们可以用整数来表示标量，如 price = 200。这种表示方法使得我们可以方便地进行标量的加、减、乘、除等各种数学运算。

3. 向量和标量的差异

通过上面的介绍，我们可以总结出向量与标量的主要区别：

(1) 向量具有大小和方向，而标量只有大小；
(2) 向量可以用坐标表示，而标量通常用普通的数值表示；
(3) 向量可以进行加、减和数乘等运算，而标量可以进行加、减、乘、除等运算。

1.1.2　万物皆可向量

在商场里，哥哥和妹妹最喜欢的地方是玩具店，特别是里面的动漫游戏展区。父母很难分清这里琳琅满目的玩具分别是什么角色，而小朋友通常能通过这些角色的特点来区分他们。那么，我们是否可以用数字化的方式来简化区分工作呢？

一种简单的方法是把这些玩具放到一个一维坐标轴上，按照体长大小来排列，我们将体长归一化为 0 到 1 之间的小数。赛罗奥特曼体长最大，为 0.999；老鼠杰瑞体长最小，为 0.001。当我们把这些角色排列在这个坐标轴上时，杰瑞和赛罗奥特曼在坐标轴上相隔很远，很容易区分。但是马力欧和路易吉两兄弟的体长都是 0.500，也就是说，他们在这个坐标上重合了。怎么办呢？这时候，我们可以考虑增加一个体重维度来区分它们。比如路易吉更瘦一点，我们把马力欧和路易吉放到增加了体重维度的二维坐标系中，两者的坐标分别为 (0.500,0.180) 和 (0.500,0.120)，这样，我们就能比较好地区分两者了。

然而，海尔兄弟的体长和体重一模一样，都是 (0.550,0.180)，这种情况下，我们尝试再引入一个维度，我们将裤子的颜色（红绿蓝占比、透明度和饱和度等）归一化到一个浮点数来做简化后的示例。增加裤子颜色后可以通过 (0.550,0.180,0.100) 和 (0.550,0.180,0.800) 两个三维坐标来表示海尔兄弟。以同样的方式，我们可以加入更多维度（如帽子颜色、胡子长度、头发长度、鞋子颜色，等等）来区分更多的动漫游戏角色。这就相当于把这些角色放到了一个多维世界里，如 (0.550,0.180,0.100,0.220,0.883,…)，每个角色代表了这个多维世界的一个点，而从原点指向它们所在的坐标的有向线段，就是向量了，如图 1-3 所示。

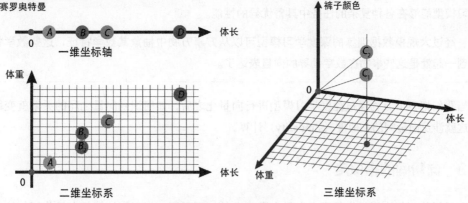

图 1-3 动漫游戏角色向量化

更有趣的是，假设我们用汤姆和杰瑞两个向量来做减法，我们会发现这两个向量的差值与奥特曼和怪兽两个向量的差值很相近。正如 1.1.1 节介绍的向量的减法原理，这些向量之间的减法是由向量之间的相对位置来表示的，与向量间的绝对位置相关性较低，也就是说奥特曼和怪兽的差异（正反派差异、胜负差异和观众喜好度差异等）与汤姆和杰瑞的差异很相似：原来这些向量的数学关系可以映射到角色实际的关系。这样向量之间的数学意义就和实际意义产生关联了。同样，随着维度的增加，在向量化之后的数字世界里，之前看似很难识别的一些非结构化数据就变得有一些关联了。这里关于动漫游戏角色的特征数据仅仅是示例说明，要提取这些角色的特征还需要一些机器学习方法，其中深度学习模型就是一种特别高效的方法。

深度学习模型[①]

深度学习是机器学习的一个子领域，它试图模仿人脑的工作原理，通过多层神经网络来学习数据的抽象表示。深度学习模型可以处理各种类型的数据，如图像、文本、音频和视频等。通过自动学习数据的层次结构特征，这些模型能够将复杂的非结构化数据转化为简洁的向量表示。

深度学习模型的核心是神经网络，它是一种模拟人脑神经元结构的计算模型。神经网络由多个层次的节点组成，每个节点都有一定的权重和激活函数。当输入数据经过这些节点时，它们会根据权重和激活函数对数据进行处理和转换，最终生成一个输出结果。通过训练，神经网络可以自动调整权重和激活函数，使模型能够更好地拟合数据。

---

① 这里只是简单介绍深度学习处理数据的过程，想深入了解深度学习模型的原理，推荐阅读《Python 深度学习（第 2 版）》（人民邮电出版社，2022 年）。

深度学习模型的优势在于其强大的表达能力和高自适应性。与传统的机器学习方法相比，深度学习模型可以自动地学习数据的高层次抽象特征，而无须人工进行特征工程。这使得深度学习模型能够在各种复杂的任务中具备优异的性能。

经过大规模数据训练的深度学习模型可以从万事万物中抽象其数学特征，这些数学特征组合到一起就是这些事物在数字世界的向量表达了。

当我们把万事万物通过深度学习模型进行向量化之后，如何识别向量之间的关系就变得重要起来，这就涉及向量间的相似度（similarity）计算。

1.1.3 向量间的相似度

向量间的相似度用于衡量两个向量在数值上的接近程度。相似度计算是向量分析的核心任务之一。接下来我们一起了解常用的相似度计算方法——余弦相似度、内积和欧氏距离，并结合数字化动漫游戏角色的实例来说明它们的区别和适用场景。

1. 余弦相似度

余弦相似度（cosine similarity）是一种用于衡量两个向量之间相似程度的量度。它通过计算两个向量夹角的余弦值来评估它们的相似程度。由此可以看出，余弦相似度关注两个向量之间的夹角，衡量的是两者在方向上的相似程度。

余弦相似度的计算公式为：

$$\text{cosine\_similarity}(A, B) = \frac{A \cdot B}{\|A\| \|B\|}$$

其中，A 和 B 分别表示两个向量，它们的夹角为 θ，$\text{cosine\_similarity}(A, B)$ 也可以写作 $\cos\theta$。$A \cdot B$ 表示向量 A 和向量 B 的内积（也称点积，见后文），$\|A\|$ 和 $\|B\|$ 分别表示向量 A 和向量 B 的模（也称范数）。

余弦相似度的值在 -1 到 1 之间。如果两个向量非常相似，那么它们之间的夹角就非常小。余弦相似度为 1，表示两个向量方向完全相同；反之，余弦相似度为 -1，表示两个向量方向相反；余弦相似度为 0，则表示两个向量正交。余弦相似度的优点是它不受向量的大小影响，只关注向量的方向。因此，当我们需要比较两个向量在方向上的相似程度时，可以选择使用余弦相似度。

2. 内积

内积（inner product，IP）衡量两个向量在同一方向上的投影长度，反映两者投影长度的相似程度。内积通过计算两个向量对应分量的乘积之和得到。当我们需要比较两个向量在某些特征上的绝对数值时（后文会有例子说明），可以选择使用内积。

内积的计算公式为：

$$\mathrm{inner\_product}(\boldsymbol{A},\boldsymbol{B})=\boldsymbol{A}\cdot\boldsymbol{B}$$

假设 $\boldsymbol{A}=(a_1,a_2,\cdots,a_n)$，$\boldsymbol{B}=(b_1,b_2,\cdots,b_n)$，则它们的内积定义为：

$$\boldsymbol{A}\cdot\boldsymbol{B}=a_1\times b_1+a_2\times b_2+\cdots+a_n\times b_n$$

在几何上，向量的内积等于它们的模的乘积乘以它们之间夹角的余弦值，即

$$\boldsymbol{A}\cdot\boldsymbol{B}=\|\boldsymbol{A}\|\|\boldsymbol{B}\|\cos\theta$$

3. 欧氏距离

欧氏距离（Euclidean distance，即欧几里得距离）是欧几里得空间中两点之间的直线距离。它可以直观地表示两点之间的远近程度，计算公式也比较简单，在二维、三维甚至更高维的空间中都适用，因此被广泛应用于图像处理、模式识别、数据挖掘等领域，用来衡量向量、样本或数据点之间的相似度或距离，例如在 k 近邻算法、聚类分析等中常用欧氏距离作为距离量度。

两个向量之间的欧氏距离通过计算对应分量差值的平方和，再开方得到。欧氏距离关注的是向量之间的绝对距离，适用于比较两个向量在空间中的相对位置。当我们关注两个向量之间的差异程度时，可以选择使用欧氏距离。

欧氏距离的计算公式为：

$$\mathrm{euclidean\_distance}(\boldsymbol{A},\boldsymbol{B})=\sqrt{\sum_{i=1}^{n}\left(A_i-B_i\right)^2}$$

其中，$\boldsymbol{A}$ 和 $\boldsymbol{B}$ 分别表示两个 n 维向量，A_i 和 B_i 分别表示 $\boldsymbol{A}$ 和 $\boldsymbol{B}$ 在第 i 个维度上的分量。欧氏距离通常被简称为 L2，其中 L 表示长度（length），2 就是上述计算公式中的指数 2。

让我们回到前文动漫游戏角色的例子。如果我们想要关注这些角色的武力值、正反派等特征，我们就可以基于余弦相似度来进行判断。虽然奥特曼和马力欧兄弟在体形和力量上差异很大，但他们的性格特征是很相似的，也就是说，在这个数字多维世界里，他们在方向上的相似度很高。同样，反派角色在这个数字多维世界方向上的相似度也很高。

与此同时，让我们来关注一个可以利用向量内积来衡量相似度的场景。虽然奥特曼和马力欧兄弟都是各自世界里的强者，但是相对来说，显然奥特曼的力量更大。这时候我们要如何利用它们在数字世界的向量来体现这种差异呢？前文讲到，比较两个向量在某些特征上的绝对数值可以使用内积，内积与向量距离坐标原点的绝对距离强相关，能直接体现向量距离坐标原点的远近程度。

欧氏距离衡量相似度是基于向量在多维空间中的相对位置，它计算的是两个向量之间的直线距离。尽管蘑菇伙伴奇诺比奥的体形和力量不如马力欧兄弟，但在抽象的数字世界中，奇诺比奥与马力欧兄弟相对于其与奥特曼的距离要近得多。如果我们想要淡化向量相对于原点的绝对位置，而更关注向量之间的相对距离，那么通过欧氏距离来比较是一个更好的选择。

1.1.4 相似度应用案例

知道万事万物都可以通过深度学习模型进行特征提取和向量化，并了解到向量之间的相似度可以映射现实世界事物的关联性之后，我们可以通过几个更具体的例子来感受一下。

1. 以图搜图

想象一下，你手机里有一张极为精美的风景照片，但你已经不记得拍摄的具体地点。你希望通过这张照片找到更多类似的风景照片，进而回忆起更多的美好时光。传统的方法是翻阅手机相册中成百上千张照片，如果照片的时间线比较清晰，寻找起来会相对简单。然而，如果你不确定具体的时间，逐一查看照片可能会让你筋疲力尽。但现在，借助向量化，相册应用开发者可以显著提升用户查找相关图片的效率。通过深度学习模型，相关性较强的图片可以被转换成更为相似的向量。这个预训练过程会让开发者获得一个训练好的向量化模型。

这个模型有两个主要功能：首先，它会将相册中已存储的所有图片转换成向量形式；其次，当我们通过相册应用程序提交一张待查询图片时，这个向量化模型也能够将这张图片转换成向量形式，随后，系统会对这个向量与之前转换好的图片向量进行相似度计算。这样一来，我们就能迅速从成百上千张照片中找到最相似的风景照片——我们可怜的眼睛和手指终于得以解放！

基于图片向量化实现相似图片查询，是向量间相似度匹配的一个典型应用场景。本书第二部分会带你从零实现一个分布式向量数据库，而在第三部分，我们会在这个向量数据库的基础上，搭建一个图片查询系统，它能轻松实现此处的以图搜图功能，如图 1-4 所示。

图 1-4　以图搜图

2. 听歌识曲

你是否经常遇到这种情况：某一时刻，脑子里总是反复回响着某首歌的曲调，却怎么也记不起歌名和歌词。这事可能会让你一整天都无法释怀。通常的办法是把这个旋律哼出来，让家人或者朋友帮你，看他们是否能听出这是什么歌。不过，他们不一定能帮上忙。有了向量化，这个问题也同样好办多了。

为了提高音乐搜索软件的效率，开发者可以利用深度学习模型对大量音乐进行处理，将这些音乐转化为向量数据。这个过程为每首歌曲创建了独特的特征，特征之间相似度越高，歌曲近似性也就越强。一旦我们的音乐库中的歌曲被转换成高维向量，我们就可以将脑海中的那段旋律录制下来，并上传到软件中。软件会将这段旋律向量化，并与库中已向量化的歌曲进行比较，迅速定位到匹配的原曲。此外，软件还能够为我们推荐与搜索曲目相似的其他作品，进一步丰富我们的听歌体验——科技再次提升了我们的生活质量。图 1-5 是一个听歌识曲系统的界面示意图（书中并未实现这个系统，建议你在读完全书后自己动手试一试）。

图 1-5　听歌识曲

3. 懂你的客服

如果你是经常网购的消费者，你大概率了解电子商务平台售后服务中的一些痛点。例如，当你对购买的商品不满意，需要向客服反映问题时，经常会出现需要将同一问题反复叙述给多名客服的情况，或是有其他顾客已经提出了相似的问题并且得到了解决，但客服似乎总是无法准确理解你的需求。为何客服不能仔细查看你们之前的对话记录（无论是语音还是文本形式），以更有效地服务你呢？原因在于，在传统的服务模式下，客服在处理单一顾客需求的同时，还需兼顾多位其他顾客，很难记住每一位顾客的具体对话内容。

然而，借助向量化和其他 AI 技术，开发者可以显著改善这一体验。顾客与客服的对话记录被妥善保存后，可通过深度学习模型进行训练，使得在语义上相似的问题和交流内容能够被识别并被赋予更高的相似度。当顾客向客服咨询的时候，系统能够自动将顾客的问题与之前的咨询和解决方案通过向量相似度查询联系起来（包括将同一顾客的多次对话信息关联，如图 1-6 所示，以及将不同顾客的相关问题联系起来。本书的第三部分搭建了个人知识库系统，对于这里的客服场景，我们可以基于知识库系统进行改进），并为客服提供相关问题的背景信息和解决方案。这样一来，客服人员能够更加准确地根据之前的对话历史与顾客沟通，顾客的不良情绪可以被更好地化解，从而极大提升顾客的购物体验。

图 1-6　客服系统对话信息关联

4. 向量结合深度学习模型的技术流程

在前述案例中，我们分析了三个不同的场景，它们都涉及将向量数据与深度学习模型结合。尽管应用场景各异，但它们在技术流程上有相似之处。

首先，开发者需要获取一个公开或企业私有的大规模数据集。

接着，需要借助 GPU 资源和深度学习框架对模型进行训练，这一步骤被称为预训练。经过数小时到数天的训练，开发者将获得一个具备特征提取能力的向量化模型。这个向量化模型能够将部分非结构化数据转换为高维向量。

通过向量化模型，开发者可以事先将需要查询的图片、音乐或文章等进行向量化处理，并把这些高维向量存储起来。当用户输入查询内容时，应用程序通过向量化模型将其向量化，生成一个待查询的高维向量。最后，应用程序将计算用户查询内容的向量与之前存储起来的向量之间的相似度，从而实现一个智能化的查询过程。

以上是我们将万事万物向量化之后与 AI 结合的一些典型的生活场景。我们有理由相信，向量作为在底层与 AI 结合最佳的数学表达方式，将会在未来与人类生活的各个方面紧密地结合在一起。

如何对非结构化数据进行高质量的向量化，以及如何高效地存储和查询向量化数据，已成为数据存储行业从业者迫切需要学习的知识。

自数据库技术诞生以来，其最核心的任务便是解决上述问题。接下来，让我们一起探讨传统数据库技术如何解决数据的存储和查询问题。我们将评估在向量数据的场景下，传统数据库是否能胜任这项工作。

1.2 数据库

在当今数字世界中，数据已经成为企业和个人的核心资产之一。为了更好地存储和使用这些数据库资产，计算机科学家设计了很多系统，例如存储非结构化数据的存储系统、存储结构化数据的数据库系统。

这二者有什么区别？为什么需要在存储系统之上细分出数据库系统？数据库系统又有哪些细分的领域？带着这些疑问，我们结合一个实际的数据场景来具体看一下。

1.2.1 什么是数据库

中国有一个传统习俗，大大小小的家族会有自己的家谱，家谱往往以一段文本记录的形式记载一个家族中每一个人的相关信息，例如"朱某某，男 / 女，某年某月某日某时辰出生，是家族的第几代，是谁的儿子 / 女儿 / 妻子"等。这样的家谱通常以纸张的形式留存，并且统一由族长保管，涉及重大事件时可以人工查询相关家族成员的信息，如图 1-7 所示。

那么，这里的家谱可以通过计算机数字化吗？答案是肯定的。一个最直观的方式就是，我们可以把一本本家谱变成计算机里面的一个个文件，每一个文件就映射了一个家族的家谱，文件的名称就是这个家族的名称。然后我们把文件按照某些规则（姓氏 / 所处地理位置等）有序地存储起来，当需要使用某个家族的家谱时，我们就可以通过路径及文件名找到文件，查询家族成员的信息了。这种简单的存储方式完成了数据的数字化，同时也将数字化的数据存储了起来，这就是计算机科学中的存储系统。

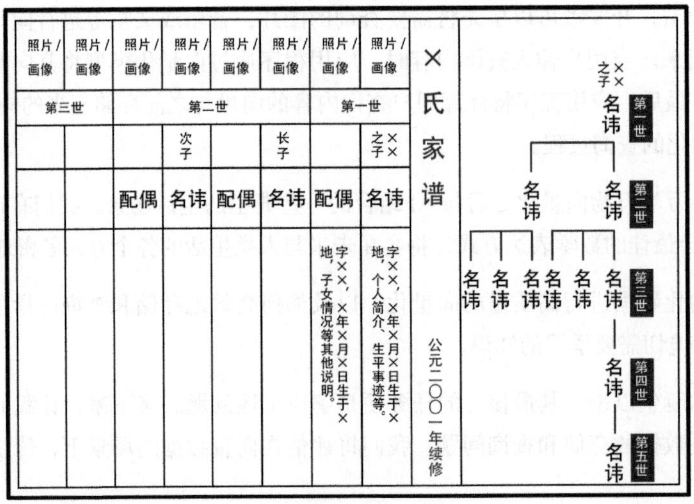

图 1-7 家谱

不过假设有以下场景，快到中秋节了，某地想要给各个家族超过 60 岁的老人赠送一份中秋节礼物。基于之前数字化的家谱存储系统，要调取多个家族满足条件的老人的名单，看起来不是特别方便，我们需要把所有的文件一个一个打开，然后人工找出哪些人满足条件。不方便的核心原因是我们存储的数据是非结构化的，每一个人的信息是一段非结构化的文本，这种文本是按照人类可以理解的方式记录的，但计算机理解不了。

对于判断老人是否满足条件这一场景而言，这个存储系统访问起来很低效，还需要人工介入进行分析才能得到最终的结果。计算机科学家在发现这个问题的同时，也在思考如何优化这里的数据访问效率。

我们再仔细分析一下家谱这种数据，可以发现每个家族中每个成员的关键信息其实都很类似，我们完全可以把家谱里的数据按照某种方式再细分，拆解为具体的某几个字段，例如"姓名""出生日期""家族代数"等。这样的抽象过程在计算机中就被称为数据的结构化。结构化的数据中的每个字段代表的意义是固定的，我们能将其以固定格式存储起来，这种格式虽然人类读起来困难，但是计算机使用起来的确方便了很多。

不过计算机科学家还不打算就此止步，因为一旦数据具有了结构，数据库系统还可以根据已知的结构额外通过一些数据来加速对成员的访问。例如，我们完全可以通过另外一份时间线的数据来把家族里的成员按照出生时间排序并存储起来，从而能更快地找到某个成员。这样用来加速原始数据访问的额外数据，在数据库技术里被称为"索引"。这里的索引和词典里的索引有类似的作用。

面向结构化数据设计存储系统，并且存储系统通常会通过索引技术来加速相关数据的访问，我们将这种计算机软件系统称为"数据库"。

通过这个例子，我们可以对数据库做以下简单总结。

- 数据库其实是存储系统的一个细分大类，数据库本质上还是一个存储系统，它解决的还是数据如何存储和读取的问题。
- 相比于普通存储系统，数据库聚焦于结构化的数据，被结构化的数据的每个字段都有其单独的含义，方便计算机直接基于这个数据做后续的运算。
- 由于每个字段都有固定的格式和意义，数据库系统就可以在这些固定的字段之上再增加一些额外的数据，让原始数据关联或有序起来，例如按照时间排序、哈希排序、树形排序等。基于这个额外的数据可以加速原始数据的访问效率，这就是数据库中重要的索引技术。

1.2.2　关系型数据库

在家谱数据的管理过程中，我们可以进一步发现一些数据的特点。对于每个成员，需要描述的信息基本上是固定的，每个人都有出生日期，也有姓名，这些信息的维度很少增加或者减少，并且这些信息的含义也很固定，哪些是正确值、哪些是错误值都是确定的。

于是，如果我们可以事先定义好家谱里面都有哪些字段，每个字段中哪些数据合法，哪些不合法，我们在后续管理这些数据时就不容易出错了。当我们录入数据时，如果发现少了姓名字段，这个数据就无法写入；如果性别字段输入了一个"非男非女"的值，我们也可以提前发现。这就是数据库系统中表结构的定义。表结构的预先定义能够帮助我们减小后续数据出错的可能性，只有经过合法性校验的数据才能写入数据库当中，多一个、少一个字段不行，错一个字段也不行。

关系型数据库就是一种需要预先定义数据的每行每列是什么格式的数据库。基于数据格式的严格校验，关系型数据库发展了一套独特的理论和设计模型，例如数据的原子性、一致性、隔离性和持久性[①]。这四个特性确保了关系型数据库中结构化的可靠性和完整性。图 1-8 展示了一个典型的关系型数据集，该数据集通过属性约束来限制编号列的格式，通过外键约束来限制编号列具体的数值。

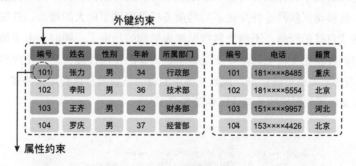

图 1-8　关系型数据集

---

① 数据库的这四个特性不是本书的重点，读者如果有兴趣，建议参考更多数据库理论书籍进一步学习。

经过几十年的发展，关系型数据库已经非常成熟，在这个细分领域诞生了不少优秀的企业和产品。

Oracle、DB2、SQL Server 都是关系型数据库里的老前辈，它们都是商业化数据库。当我们的企业需要数据库系统时，向这些数据库厂商支付一定的费用，我们就可以使用这些数据库系统了，而不必关心这些数据库系统背后的实际代码是怎样的。不过随着 PC 互联网行业的飞速发展，数据库行业也出现了一些后来的竞争者，其中 MySQL 和 PostgreSQL 就是两个典型的例子，它们是新一代关系型数据库的领先者，都采取了开放源码的竞争模式。通过开放源码，企业中的开发者可以查看源码，评估数据库系统是否稳定可靠，从而决定是否将其应用到自己的业务中。

如果用人的特质来形容关系型数据库，那我会选"严谨踏实"。关系型数据库在生活的方方面面稳定地支撑着整个社会的数字体系。

1.2.3　非关系型数据库

2012 年左右，随着移动互联网技术飞速发展，人类社会对数据库系统的要求也开始演进。相较于 PC 互联网时代，移动应用的开发者们更强调快速地迭代应用的版本，也更强调通过更低的访问延迟提升应用的使用体验。一个典型的对比是，在 PC 互联网时代，一个应用通常是以月或季度为周期更新的，而一个移动互联网应用却需要以天或周为周期来更新。特别是在游戏这种场景下，游戏内容的更新会变得非常不确定，同时游戏内的玩家也变得非常多，这些都对我们的数据库系统提出了新的要求。

在关系型数据库的设计方式中，每行每列的数据都是预先定义好的，如果后续要对这些定义进行修改，成本会相对较高。同时在每个数据被写入数据库之前，系统会对数据的合法性进行校验，这里也存在一定的开销。

基于这两个典型的痛点，数据库行业的计算机科学家提出了一个新的方案，这个方案放松了对数据库格式预先定义的要求，开发者可以动态地新增行、列的数据，而不需要提前设计表结构。这个理念上的变化，给移动互联网这种变化多端的业务场景提供了极大的帮助，开发者放下了之前的顾虑，可以快速迭代自己的产品，不用受到数据库表结构的约束了。同时，由于简化了数据表的预定义，写入数据时的校验也变得更简单，于是整个数据库的使用性能提高，访问延迟也变低了。图1-9 展示了一个典型的非关系型数据集，该数据集中的每一条数据可以自定义格式，数据的内容和格式相对灵活，没有关系型数据集的外键或属性等约束。

```
无外键约束　无属性约束
{"name": "John Doe", "age": 30, "isStudent": false}
{"name": "Anna", "age": 36, "courses": ["history", "chemistry"]}
{"name": "Bella", "address": {"street": "123 Main St", "city": "Anytown"}}
```

图 1-9　非关系型数据集

Redis 就是这样一个典型的非关系型数据库系统，它支持丰富的数据结构，并且不需要预先定义表结构就可以快速使用。此外，Redis 不强调数据的持久化，利用内存这种介质来优先存储数据，是数据库系统中访问延迟极低的产品，在移动互联网时代帮开发者扛住了一拨又一拨的流量高峰。

MongoDB 也是一个非关系型数据库的例子，它不需要提供表结构的预定义，开发者可以根据业务情况随时增加或减少数据的字段。在游戏行业，MongoDB 因这种特性受到了开发者极大的认同，被广泛地应用到游戏开发场景。

如果用人的特质来形容非关系型数据库，那我会选"活力四射"。对于一些快速变化的应用产品，非关系型数据库可以提供更灵活变通的机制——可能短期内没办法面面俱到，但是在某些领域却能独当一面。

1.2.4 传统数据库的限制

通过前面的介绍我们可以发现，传统的数据库技术，无论是关系型还是非关系型，它们其实都是面向结构化数据的存储和高效访问而设计的。但是在我们人类社会中，更多的数据其实没办法简单地像家谱那样抽象出来并结构化，比如大量书籍中的文本数据、音乐中的音频数据、图像数据及视频数据，这些数据没办法直接通过数据库来访问。结构化数据和非结构化数据的比例大概符合二八法则，结构化数据约占人类数据总量的 20%，非结构化数据约占 80%。如图 1-10 所示，传统数据库只能处理这 20% 的结构化数据。

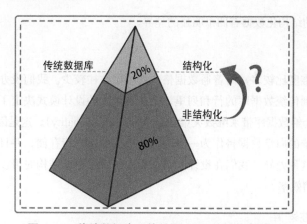

图 1-10　传统数据库只能处理 20% 的结构化数据

剩余 80% 的非结构化数据其实已经被大量计算机存储系统存储下来了，散落在数字世界的各个角落。由于这些数据本身没有结构化，它们很难被计算机直接分析，往往需要我们人类的介入，导致处理这些非结构化数据往往比较低效。可以说，庞大的数据宝藏正等待着我们人类社会去挖掘。

在 1.1 节了解向量时，我们发现，随着深度学习模型技术的发展，我们的计算机科学家已经逐步学会了如何将这些非结构化数据通过深度学习模型转化为向量数据。这些向量数据其实就是这些非结构化数据的一种结构化表达，一旦数据被结构化了，计算机就可以更好地自动化处理它们，不再需要人工介入，与数据相关的流转效率就会提高很多。

接下来，我们尝试揭开"向量数据库"的面纱。

1.3 为什么需要向量数据库

数据库行业已经积累了非常多存储和使用数据的经验，这些经验可以全部应用到向量这种结构化数据上吗？

当数据库遇到向量这种新兴的数据格式，两者会擦出怎样的火花？是否会推动数据库行业在一个新领域得到全新的发展？我们需要带着这些问题对传统数据库系统进行一些审视。

1.3.1 向量数据和传统数据的差异

向量数据在计算机中通常用数组来表示，例如 $[0.450, 0.180, 0.100, 0.220, 0.883, \cdots]$，这里的数组可能达到千维，而传统的数据格式则是通过多个键 - 值对的形式来表示，例如 id=001，name=" 小明 "，city=" 北京 "。

向量数据和传统的结构化数据有四个明显的差异。

1. 维数差异

向量数据格式的维度比较多，而普通数据格式的维度往往较少。我们没办法简单地将向量数据的各维度拆分后存储到传统数据库的行和列里，当前数据库的设计模式决定了其无法直接存储这么多维度的数据，否则会给数据库带来维数灾难（curse of dimensionality）。这是因为这里的多维数据无法分拆为行和列，多维的向量数据将作为一个完整的数据单位进行存储，并且这部分数据将占据主要的存储空间。基于这种差异，我们在设计向量数据库的底层存储结构时可以更好地按块去规划存储空间，从而优化存储效率。

2. 字段内相关性差异

向量数据多个维度之间的数据相关性很强，这些维度是神经网络经过学习之后提取出来的，因此往往要对多个字段组合计算才能比较准确地衡量两个向量的相似度。向量数据很少单独在某一个维度上做比较，多个维度更多地是一个集体，它们同时行动，彼此相关。而传统数据格式的多个键 - 值对是完全独立的个体，它们独立代表了数据的一个方面。这种差异直接导致我们在访问向量数据时需要更多地把多维度数据当作一个整体来看待，进而对应的向量数据库的索引设计就会有不同的思路。

3. 优化手段差异

向量数据的格式单一，每个维度的数据往往都是固定的数据格式（浮点数、二进制整数等），这可以帮助我们找到一些性能优化手段，例如对于相关数学运算，我们完全可以更好地利用 CPU 的缓存机制加速，也可以更好地利用 CPU/GPU 的硬件特性。基于向量数据的这个特点，我们可以比较深入地去做向量数据库的算法调优，并且相对容易取得不错的效果。

4. 使用方法差异

除了底层数据格式的差异以外，更大的差异在我们实际使用这两种数据时体现得更为明显。

例如对于文本这种数据，传统的数据格式基于关键词进行精确匹配，不会去理解词语背后的语义。而向量数据的匹配是基于语义理解的，也许两个词看起来差异很大，但其实语义很接近。

举例来说，"玻璃"和"玻璃心"两个词，如果按照关键词去匹配，两者的相似度很高，但是按照向量化后的语义匹配，我们会发现两者的意思差异很大。再如"天气不错"和"晴空万里"这两个词语，看似没有关系，通过关键词无法关联起来，但是语义上它们的相似度却很高。

同样，对于音频、图片、视频这些非结构化数据，传统的关系型数据更难去索引它们，通常采用人工添加标签的方式索引。用户使用关键词查询这些非结构化数据时，本质上还是通过关键词做匹配，而没有使用原生的基于语义的查询方式，得到的结果准确性无法保障。而基于向量化数据匹配，天然就是基于语义的方式，结果会更自然和可预期。

1.3.2 向量数据库应运而生

正是由于向量数据和传统数据在本质上存在如此大的差异，为了更好地解决向量数据的存储、索引和查询的需求，我们有必要结合向量数据的特点设计专门的向量数据库。在使用方法上，向量数据库可以提供基于语义的查询能力，这是向量数据库区别于传统数据库的核心功能。在索引结构上，向量数据索引可以更好地组织向量数据之间的关系，建立更适合向量数据相似度匹配的数据结构，例如基于聚类、基于图的索引结构，这些索引结构让向量数据的查询效率变得更高。在存储结构上，专门的向量数据库可以更好地结合向量数据的特点设计数据分布和压缩算法，让向量数据库的存储效率更高，成本更低。

当然，也有很多可以应用于向量数据处理的传统数据库技术。例如，通过分布式架构确保多个数据副本的存在，并保证多个数据副本之间的数据一致性，以便可以在某个副本数据丢失时利用其他副本恢复。同时，基于数据的分片技术，我们可以将大规模的数据拆分为多个数据块，然后利用分布式计算能力将数据的计算并行化，从而提高向量计算的并行度和整个系统的处理能力。

此外，AI 技术的发展日新月异，专门的向量数据库没有传统数据库的历史包袱，可以更快地结合 AI 技术进行定制化和快速演进。随着 AI 技术的成熟，AI 应用场景会越来越丰富，对向量数据库的需求也会越来越普遍，向量数据库的演进速度至关重要。

综上所述，我们可以从以下三个方面来构建专业的向量数据库。

第一，结合向量数据格式设计相应的存储、索引和查询组件，面向向量数据库中独特的"向量"部分，把向量数据的管理能力做到极致；

第二，重视数据库技术多年积累的通用能力，将这些通用能力应用到向量数据库中，毕竟向量数据库的本质依然是数据库系统；

第三，轻装上阵，不急于补充传统数据库的独有能力，在演进的过程中逐步为向量数据库增加功能，小步快跑地应对 AI 技术的快速发展。

1.3.3 大模型时代的智能存储平台

从 2022 年底到 2024 年，我相信你一定在很多场合反复听过"大模型"这个词了。在各种讨论中，大模型的潜力被不断强调，其应用范围似乎无所不包。实际上，我们已经开始在日常生活和工作中利用大模型，如使用基于大模型的聊天机器人进行知识咨询，借助基于大模型的编程工具来编写代码，等等，这些都充分展示了大模型的实用价值。

但是，你是否停下来思考过大模型的本质究竟是什么？是一个更高级的聊天机器人吗？是一个更强大的搜索引擎吗？

在回答这个问题之前，我们先来尝试探讨一下，在大模型出现之前我们人类是如何控制数字世界的。假设中午肚子饿了，你想用手机点外卖，你只需要通过手机的图形用户界面（GUI）即可完成下单。然而，看似简单的点击行为背后，实际上是程序员编写的软件在进行复杂的操作。客户端软件将你的每一次点击转换成结构化数据。这些数据形成指令集，流向服务端软件。服务端软件能够识别这些指令集，并将其转换为 CPU 运算。完成运算后，服务端软件一方面把结果返回给你，另一方面将重要的数据存储到数据库等存储系统中。这一系列复杂的过程，都基于程序员大量的编码工作。这里的关键点其实是，人类想要调度计算机的资源（CPU、存储等）时，交给计算机的输入必须是结构化数据，因为程序只能识别结构化数据。并且这些程序其实泛化程度不够，每一个应用场景都需要程序员重新做适配。千千万万的程序员编写的程序默默运行着，支撑着人类数字社会的运作。

回到大模型的场景，我们发现，大模型在经过海量数据的预训练之后，可以直接接受人类的自然语言作为指令了，一定意义上具备了理解非结构化数据的能力。通过人类的自然语言，我们可以让基于大模型的应用编写代码、处理表格、接受指令等。这其实帮助我们人类社会完成了一次巨大的**资源调度范式**的变化，我们可能不再需要那么多的程序员去翻译这些指令，之前由于这种翻译带来的信息损耗将会变小很多，人类的生产效率也会得到极大的提升。

随着海量数据不停地通过训练的方式提升大模型的能力，大模型会变得越来越智能，能帮到人类的地方会越来越多。那么，大模型会逐步把世界上所有的知识和数据都记到内部的神经网络中吗？

答案是否定的。大模型就像人的大脑一样，我们的大脑通过学习知识变得更有智慧，但是我们并不会试图记住每一条信息，而更多是学习规则和方法，通过泛化的方式去理解知识。当有新的数据输入时，我们会依据新的数据推导出新的结论，而不是把所有的数据都记到脑袋里，后者对数据的利用效率也不是最高的。同样，大模型也遵循类似的逻辑，通过学习和推理来处理信息，而不是无选择地记忆所有数据。

经过海量数据的预训练，大模型逐步演化为一种智能算力平台。与传统计算机体系中需要程序员编写代码才能调度的算力平台不同，大模型能够直接响应人类的自然语言指令。

同时，人类社会将持续不断地产生各种数据，这些数据的一部分被用于提升大模型的泛化程度，让大模型变得更"聪明"。更多的数据还是以传统数据的形式存储起来，在人类需要大模型进行推理时被调度出来。由于算力平台已经可以通过自然语言进行调度，自然而然，人类调度数据的方式也需要演进到通过自然语言进行。

于是，我们触及了问题的关键：在 AI 的时代，人类调度算力的方式、人类调度数据的方式都将演进到自然语言。在这种演进背景之下，数据库需要更好地适配这种方式。向量数据库在两个方面满足了这种需求。一方面，我们可以将人类产生的各种传统数据转化为向量数据存储到向量数据库中；另一方面，我们可以将人类查询数据的指令也转化为向量数据，通过对这两种向量数据进行相似度匹配，返回我们需要查询的目标数据。由于传统数据和指令数据转化为向量数据的过程是高度泛化的，可以支持非结构化的自然语言格式，这就实现了通过自然语言来调度数据。

最终我们可以有以下展望：在 AI 的时代，如果我们把大模型定义为智能算力平台，那么基于自然语言方式使用的向量数据库无疑将会是智能存储平台的代表——它会与智能算力平台协同工作，成为智能算力平台最好的数据助手，和智能算力平台一起构建更加智能化的数字世界。在第 8 章，我们会对向量数据库进行更详细和丰富的展望。

1.4 小结

在本章，从向量数据格式开始，通过生动的例子，我们学习了如何将复杂的动漫游戏角色转化为易于进行数学运算的向量数据。我们还学习了如何使用数学中的余弦相似度、内积和欧氏距离来衡量向量数据之间的相似性。随后，结合实际案例，我们了解了向量化数据在生活中的具体应用场景。

接着，我们切入数据库的话题，指出其核心目的是确保数据的可靠存储和高效访问。为了达到这些目的，出现了多种数据库类型，每种类型都有其特定的应用场景。我们又重点分析了向量数据与传统数据格式的区别，并提出了在传统数据技术基础上对向量数据库进行优化的策略，以构建一个专业的向量数据库。

最后，我们探讨了向量数据库在大模型时代的重要性。随着大模型的成熟，它将逐渐成为 AI 时代的智能算力平台，而向量数据库则将有望成为智能存储平台。两者的结合将成为未来世界的重要基础设施，助力人类探索未来。

下一章，我们来了解向量数据库的极简史。

第 2 章
向量数据库极简史

人类历史只是宇宙中的一瞬间，而历史的第一个教训就是要学会谦逊。

——《历史的教训》，威尔·杜兰特（Will Durant）、阿里尔·杜兰特（Ariel Durant）

随着计算机技术的普及，传统关系型数据库在新千年的互联网发展中臻于成熟。与此同时，自 2012 年起，非关系型数据库在应对多变的产品形态和满足高性能需求的场景中逐渐崭露头角。伴随着数据库技术的发展，不断有新的数据库产品进入人们的视野。

向量数据库并非近年出现的新概念，深度神经网络迅速发展起来之后，伴随着深度学习模型产生的高维向量数据的存储、索引和查询需求，向量数据库开始逐步发展。在本书中，我们把 2017 年视为向量数据库发展的关键年份，这是为什么？在向量数据库的发展过程中有哪些重要的里程碑事件？当下具有一定代表性的向量数据库产品有哪些，它们之间又存在什么差异？

学习本章内容之后，你会对以上问题有初步的认识。

2.1 孕育期（1980—2012）

不少探索新科技的旅程起步于实验室科研。科学界有一句广为流传的格言："大胆假设，小心求证。"秉承这一理念，科学家们勇于在未知领域提出创新假设，并通过严谨的实验来逐一验证。当一项科研成果获得学术界的认可后，工业界的先锋便开始行动。这些具有前瞻性的企业将科研成果与实际业务需求相结合，推动科技从理论走向实践。一旦科研成果成功转化为实际应用，它将起到强烈的示范效应，带动更多创新实践。

在富有远见的科学家和企业家的共同推动下，整个行业得以逐步发展和成熟。向量数据库的发展同样遵循这一模式。实际上，推动向量数据库发展的关键技术是深度神经网络。接下来，我们将一起简单了解深度神经网络的发展过程。

2.1.1 深度神经网络的飞速发展

深度神经网络的起源可追溯至 20 世纪 80 年代，研究者们当时尝试利用多层神经网络模拟人脑神经元间的连接。深度神经网络之所以称为"深度"，是因为它相对于传统的浅层神经网络而言，在结构上更深。具体而言，这里的"深度"形容的是网络结构中的层数以及每一层中神经元的数量和连接方式。一个神经网络通常包括输入层、输出层和多个隐藏层。多层结构使深度神经网络能学习更高级的特征表示，从而提高模型的准确性。

虽然深度神经网络概念在 20 世纪 80 年代已出现，但其在最初 20 多年并未得以广泛应用，主要有以下原因。

- 训练困难：深度神经网络训练需大量计算资源，而当时计算能力有限，无法满足训练需求。
- 梯度消失：训练深度神经网络时，反向传播算法中的梯度值可能随着传播到较深层的网络而逐渐变得极其微小，这会导致权重更新缓慢，进而显著影响模型的收敛速度。
- 过拟合：深度神经网络具有大量参数，容易导致过拟合现象，即模型在训练集上表现良好，但在测试集上泛化能力差。

2012 年，由 Alex Krizhevsky、Ilya Sutskever 和 Geoffrey Hinton 共同开发的深度神经网络模型 AlexNet 在 ImageNet 大规模视觉识别挑战赛中夺冠，其性能大幅领先于其他传统方法。这一事件不仅标志着深度学习技术在学术界的突破，也被视为深度神经网络开始在工业界应用和推广的关键时刻。

ImageNet 大规模视觉识别挑战赛

ImageNet 大规模视觉识别挑战赛，即 ImageNet Large Scale Visual Recognition Challenge（ILSVRC），自 2010 年开始举办，旨在推动计算机视觉领域的发展。竞赛的主要内容是对大量图像进行分类和检测。数据集包含 1000 个类别，超过 1400 万张标注图片。该竞赛对评估和比较不同计算机视觉算法具有重要意义，被誉为计算机视觉领域的奥林匹克。

在 2012 年的 ILSVRC 中，除 AlexNet 外，还有许多其他模型参赛，如基于传统计算机视觉技术的 SIFT、HOG 特征提取方法及浅层神经网络等。然而，凭借深度结构和创新技术（如使用 ReLU 激活函数和 dropout 技术来减少过拟合，同时利用高性能 GPU 加速训练过程，等等），AlexNet 在分类任务中获得 15.3% 的 top-5 错误率，显著优于第二名 26.2% 的错误率，由此取得压倒性胜利。

top-5 错误率指的是在模型预测的前五个类别中，正确类别未出现的比例。该指标旨在衡量模型对复杂任务的泛化能力。AlexNet 在这一指标上的表现凸显了其在大规模图像分类任务中的卓越性能。

AlexNet 在竞赛中取得优异成绩，谷歌、微软、Facebook 等科技巨头随即意识到深度神经网络在计算机视觉领域的巨大潜力。为进一步提升技术性能并将其应用于实际问题，科技巨头们采取了以下措施。

- 研发新的深度学习模型：成立专门的深度学习研究团队，致力于开发先进的深度学习模型，如谷歌的 Inception（也称为 GoogLeNet）、微软的 ResNet 等。在竞赛中，这些模型表现优异，不断刷新纪录。
- 投资深度学习框架：谷歌开发 TensorFlow，微软开发 CNTK，Facebook 开发 PyTorch……这些重要的深度学习框架便于研究人员和工程师构建、训练和部署深度学习模型。
- 建立大规模计算基础设施：为加速深度学习模型训练和推理过程，投资建设大规模计算基础设施，如谷歌开发了专门针对深度学习的硬件 TPU（张量处理单元，也称张量处理器），英伟达推出了并行计算平台 CUDA，结合其 GPU，提供了更为通用的并行计算能力。

在科技巨头的推动下，深度学习技术得以快速发展，深度神经网络在图像识别、语音识别、自然语言处理等领域逐步获得广泛应用，为 AI 的发展奠定了坚实的基础。

2.1.2 深度神经网络 vs 向量数据库

其实我们在第 1 章讲解"为什么需要向量数据库"的时候已经涉及了相关内容。不论是谈论向量数据还是谈论向量数据库，深度神经网络都是绕不开的话题，我们在本节做个简单的总结，分两个方面：深度神经网络的飞速发展催生向量数据库，向量数据库的发展离不开深度神经网络。

1. 深度神经网络的发展催生向量数据库

随着新一轮 AI 的爆发式增长，需要人类处理的文本、图像、音频、视频等非结构化数据量急剧上升。传统的关系型及非关系型数据库在处理这类数据时效率不高，人们迫切需要一种新的数据存储、索引和查询方式。

- 深度学习模型的输出：深度学习模型，以前是卷积神经网络（convolutional neural network，CNN）和循环神经网络（recurrent neural network，RNN），当前是 GPT 等大模型，能够将非结构化数据转换为高维向量。这些向量包含了丰富的语义信息，需要专门的数据库来有效存储、索引和查询。
- 相似度查询的需要：在推荐系统、图像识别、文本查询等应用中，需要快速找到与查询向量最相似的向量。这要求数据库系统能够支持高效的向量相似度查询，这是传统数据库难以实现的。

❑ 新一轮 AI 应用落地：随着新一轮 AI 技术的迅速发展及广泛应用，GPT、GLM 等大模型需要处理大量的向量数据，对于大模型预训练和推理相关基础设施的支持需求日益增长，向量数据库正是满足这一需求的关键技术之一。

2. 向量数据库的发展需要深度神经网络

深度学习模型能够高效地从非结构化数据中提取特征并生成向量表示，这些向量表示能够捕捉数据的深层语义信息，从而使得向量数据库能够支持高效的相似度查询和复杂的数据分析。

❑ 向量化技术：深度学习模型生成的向量化（embedding）数据能够捕捉数据的深层特征，借助这种向量化技术，向量数据库能够更好地挖掘数据的内在复杂信息。

❑ 多模态数据处理：深度学习模型能够处理多种类型的非结构化数据，并将它们转换为统一的向量格式。向量数据库则能够存储、索引和查询这些多模态数据，并且支持跨模态的搜索和分析。

❑ 实时性要求：在许多应用场景，如实时推荐系统和金融风控系统中，需要快速响应查询要求。基于深度神经网络技术，向量数据库能够优化索引结构，降低访问延迟，满足实时性的需求。

❑ AI 原生数据库能力：集成深度学习模型的数据库系统能够原生支持 AI 应用，降低开发者的使用门槛，这是向量数据库支撑 AI 应用的重要能力。

2.2　诞生期（2012—2017）

如前所述，自 2012 年以来，随着深度神经网络的迅速发展，相关的应用也越来越广泛。在这样的趋势下，处理大量向量数据的相似度计算以及与持久化相关的索引数据，成了一项关键挑战。开发者们迫切需要一些通用的技术组件来支持业务的快速发展。沿着技术发展的时间线，我们来到了 2017 年。这一年前后，工业界开始积累和沉淀一些开源能力，以解决上述问题。

2017 年，FAISS（Facebook AI Similarity Search）开源，在向量数据处理领域可谓前无古人。FAISS 是由 FAIR（Facebook AI Research）开发的一款高性能向量管理库，其目标是为大规模数据集上的高效相似度查询提供解决方案。FAISS 之所以重要，是因为在 FAISS 发布之前，处理大规模向量数据的方法既不高效也不便捷。FAISS 的出现填补了这一空白，为解决这一具体问题提供了一种前所未有的解决方案。

FAISS 提供了多种索引类型和配置选项，以适应各种数据集特征和应用场景。FAISS 支持扁平（Flat）索引、IVF Flat（Inverted File with Flat，倒排扁平）索引、IVF PQ（Inverted File with Product Quantization，倒排乘积量化）索引等多种索引类型，以满足不同向量数据规模和查询精度的需求。扁平索引类型主要适用于待查询向量在 10 万行及以下的情况，它具有最高的查询精度，而 IVF（倒排文件）系列索引类型则通过聚类方法来提高查询效率，支持亿行级别的向量数据规模，但会相应地降低查询精度。

除此之外，FAISS 还支持 GPU 加速，以进一步提高查询性能。为了便于开发者使用，FAISS 可以与各种深度学习框架（如 TensorFlow、PyTorch 等）和数据处理工具（如 Pandas、NumPy 等）无缝集成。这使得开发者能够轻松地将 FAISS 与现有的数据处理和深度学习工作流程相结合。

另一个优秀的大规模向量库是 HNSWLib。HNSWLib 是一个开源的高性能近似最近邻（Approximate Nearest Neighbor，ANN）查询库，基于 HNSW 图算法。与 FAISS 相比，HNSWLib 通过更高的内存占用来换取更高的查询效率，支持千万行级别的向量规模。尽管 HNSWLib 的官方开源时间点尚无公开信息，但其 GitHub 仓库创建于 2017 年 7 月，这表明该项目至少在那时已经开始活跃。因此，我们可以合理推测，HNSWLib 在 2017 年前后对向量数据库领域产生了重要影响。

2017 年对于向量数据库领域具有里程碑意义，主要归功于两个重要的项目——FAISS 和 HNSWLib，我们不妨将这一年称为"向量数据库元年"。FAISS 和 HNSWLib 的开源发布为向量数据库的技术优化和进一步研究奠定了基础。数据库领域众多开发者开始在分布式架构、高可用等数据库技术方向上进行尝试，以进一步提升大规模向量数据的存储、索引和查询能力。

2.3 成长期（2017 年至今）

在"向量数据库元年"，业界见证了 FAISS 和 HNSWLib 这两个高质量的向量管理库的诞生。基于这两个库，向量数据库行业迅速发展，出现了多个方面的创新和进步。

首先，一些专注于向量数据库研发的初创公司开始涌现。这些公司从零开始，自主研发向量数据库，深入挖掘向量数据的特性，设计并开发出卓越的产品，如 Zilliz（Milvus）、Pinecone、Qdrant 和 Chroma 等。

其次，许多成熟的企业也开始开发专业的向量数据库，旨在将其与现有业务深度融合，以期通过向量数据库提升现有产品的用户体验。例如，微软、谷歌、百度、阿里巴巴和腾讯等公司都在这一领域有所布局。

最后，传统的数据库研发团队也开始将向量数据管理功能集成到他们的数据库系统中。他们发现，现有客户群体中越来越多的人希望利用向量数据来开发新业务。例如，PostgreSQL pgvector 和 Redis Vector Search 等都在进行这方面的尝试。这些尝试极大地推动了向量数据库技术的快速发展，并形成了一种相互促进、健康竞争的行业态势。

在本节中，我们将首先介绍部分参与向量数据库竞争的企业及其发展历程；接着，我们将介绍部分有代表性的向量数据库产品，并比较它们的功能、差异和优势；最后，我们将进一步探讨这些产品的技术架构。

2.3.1 行业发展简况

在中国，传统的互联网企业和新兴的创业公司纷纷投身于向量数据库的研发。以下就百度、阿里巴巴、腾讯和 Zilliz 这几个企业发展向量数据库的情况做简要介绍。

- 百度自主研发的向量数据管理引擎 Puck 自 2017 年首次部署上线以来，便服务于规模达百亿级的图片库搜索任务。到了 2019 年，该引擎在百度内部开源，随后被更广泛地应用于搜索、推荐和网盘等多样化的业务场景中。
- 腾讯推出的内部向量数据管理引擎 OLAMA 在 2019 年上线，为腾讯新闻、腾讯视频等多个平台提供服务，助力腾讯集团在这部分业务中提升用户体验。
- 阿里巴巴达摩院系统 AI 实验室自研的向量数据管理引擎 Proxima，内部发布时间未见披露。目前，其核心能力被广泛应用于阿里巴巴和蚂蚁集团众多业务，如淘宝搜索和推荐、蚂蚁人脸支付、优酷视频搜索、阿里妈妈广告检索等。
- 创业公司 Zilliz 由一群对向量数据库技术充满热情的创新者创立，核心创始人为星爵（Charles Xie）。自公司成立以来，Zilliz 一直专注于开发先进的解决方案，以高效处理向量数据，为人工智能和机器学习应用提供强大的数据管理支持。

在国际舞台上，微软的 Cognitive Search 和谷歌的 Vertex AI Vector Search 作为 AI 业务板块及 AI 整体解决方案的一部分对外提供服务。在海外市场，独立向量数据库赛道的竞争由几家迅速成长的创业公司所主导，Pinecone、Qdrant 和 Chroma 等公司是这一领域的核心竞争者。

- Pinecone 由 Edo Liberty 创立，他曾在亚马逊 AI 实验室担任领导角色，并参与了 SageMaker 的构建。Pinecone 是海外独立研发向量数据库较早的企业，具有不错的行业影响力。
- Qdrant 于 2021 年成立，总部位于德国柏林，凭借其开源向量数据库和搜索引擎在 AI 领域迅速崭露头角。Qdrant 的技术采用 Rust 语言，旨在为下一代 AI 应用提供支持。
- Chroma 由 Jeff Huber 和 Anton Troynikov 联合创立，公司认为大模型的兴起需要新的计算架构，包括向量数据库，以赋予大模型应用程序长期记忆。

传统的数据库团队也在逐步发展自己的向量数据管理能力，其中 PostgreSQL 和 Redis 的向量数据库插件被应用得较为广泛。

- pgvector 是 PostgreSQL 的向量数据库扩展，2021 年引入。它不仅支持基本的向量数据存储，还提供了高效的检索功能，并在 2022 年通过技术迭代强化性能，成为 PostgreSQL 生态系统中的关键组件。
- Redis Vector Search 是由 Redis Labs 精心打造的 Redis 扩展，专为 AI 时代的非结构化数据处理而设计。它通过提供强大的向量搜索功能，极大地优化了机器学习和相似度查询的性能。Redis Vector Search 在 2022 年的技术创新中崭露头角，并迅速成为 Redis 生态系统的重要力量。

接下来，我们进一步从产品能力的角度对几个有代表性的向量数据库或插件解决方案进行对比。

2.3.2 代表性产品能力对比

经过 2017 年至今的多年蓬勃发展，向量数据库行业的不同厂商结合自身特色，打造了各自的产品。接下来我们从通用能力、优势能力和交付形态三个方面，对几个具备一定代表性的产品进行简要介绍，如表 2-1 所示。你可以进一步访问相应产品的官方网站，更深入地了解和对比。

表 2-1　向量数据库代表性产品能力对比

产品名称	通用能力	优势能力	交付形态
Redis Vector Search	1. 支持扁平、HNSW 索引类型 2. 支持标量和向量混合索引 3. 支持欧氏距离、内积、余弦相似度度量 4. 最大支持 32 768 维度、单集群千万行级向量规模	1. 丰富的 Redis 生态数据结构和多语言 SDK，易用性高 2. 基于 Redis 成熟的高可用方案，可提供较高的服务可用性	开放源码，开发者或厂商运维
腾讯云向量数据库	1. 支持扁平、HNSW、IVF 和腾讯自研 BI-HNSW 索引类型 2. 支持标量和向量混合索引 3. 支持欧氏距离、内积和余弦相似度度量 4. 最大支持 4096 维度、单集群十亿行级向量规模	1. 支持动态 schema（模式），不需要预定义数据模型 2. 支持别名机制，协同纵向、横向多种在线扩容方式，提供高扩展性 3. 支持可视化管理数据，降低用户使用门槛	封闭源码，厂商运维
Milvus	1. 支持扁平、HNSW、IVF 和 DiskANN 索引类型 2. 支持标量和向量混合索引 3. 支持汉明距离、欧氏距离和内积相似度度量 4. 最大支持 32 768 维度、单集群十亿行级向量规模	1. 企业版具备自动索引能力，自动帮助开发者构建索引 2. 支持 GPU 加速向量查询 3. 企业版支持 Serverless 部署模式，开发者试用门槛低 4. 支持丰富的数据迁移和可视化管理工具	开放源码，开发者或厂商运维
Chroma	1. 支持 HNSW 索引类型 2. 支持标量和向量混合索引 3. 支持欧氏距离、内积和余弦相似度度量 4. 最大支持 1536 维度、单集群千万行级向量规模	1. 可客户端单独部署，部署依赖的资源少，开发者上手门槛低 2. 内置向量化函数，开发者开箱即用	开放源码，开发者运维
Pinecone	1. 支持自研的向量索引算法，用户无感知索引配置参数 2. 支持标量和向量混合索引 3. 支持欧氏距离、内积、余弦相似度度量 4. 最大支持 20 000 维度、单集群十亿行级向量规模	1. 具备自动索引能力，自动帮助开发者构建索引 2. 支持 Serverless 部署模式，开发者试用门槛低 3. 具有丰富的 AI 工具箱集成和配套社区文档	封闭源码，厂商运维

从表 2-1 中我们可以观察到，向量数据库产品大致可分为以下两类。

- ❑ 开源向量数据库：Redis Vector Search 依托于 Redis 生态系统的优势，以其易用性迅速服务于现有用户。Chroma 致力于创建极致简洁的向量数据库，以快速轻量化部署为特点，并内置了向量化函数，旨在降低用户的入门难度。Milvus 作为一款发展时间较长的独立向量数据库，功能较为全面，它不仅提供开源版本，还提供全托管的企业版。企业版的 Milvus 在市场上具有较强的竞争力。
- ❑ 闭源向量数据库：腾讯云向量数据库凭借服务腾讯内部业务的丰富经验，功能完善，特别注重在线扩缩容的能力，并确保了较高的服务可用性。Pinecone 作为海外领先的向量数据库产品之一，其索引自动化和 Serverless 功能有效降低了用户的使用门槛；同时，丰富的 AI 工具和详尽的文档支持为其赢得了用户的好评。

在这些产品的功能发展过程中，它们采用了各自独特的架构模式。一些产品专注于简单、快速和易于上手的设计；而另一些则是从零开始构建，着眼于在向量数据管理场景中提供卓越的性能。接下来，我们将对这些向量数据库产品所采用的几种不同技术架构进行进一步探讨。

2.3.3 代表性产品技术架构

1. 插件式向量数据库

我们以 Redis 为例简单介绍插件式向量数据库。得益于 Redis 内核框架提供的成熟的模块（module）机制，对 Redis 进行功能扩展相对容易。要为 Redis 增加 Vector Search 功能，只需集成一个向量模块。简化版 Redis Vector Search 技术架构如图 2-1 所示。

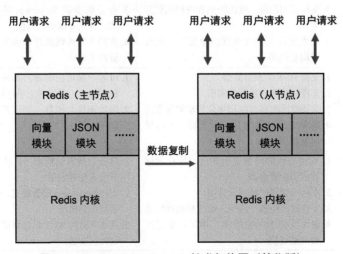

图 2-1　Redis Vector Search 技术架构图（简化版）

其中，向量模块实现了包括扁平、HNSW 和 IVF 在内的多种索引数据结构。利用这些索引，开发者可以将向量数据写入 Redis 的主节点。在用户写入接口协议层面，向量模块需要与 JSON 模块配合使用，相关的输入和输出参数都采用 JSON 格式进行交互。数据一旦写入主节点，就会通过 Redis 成熟的数据复制机制同步到从节点。

Redis Vector Search 作为一个插件式向量数据库，是传统数据库扩展向量管理能力的典型代表。它基于现有技术框架进行扩展，能够完全保留数据库的现有功能。对于 Redis 的现有用户而言，它不仅有助于他们保持熟悉的开发习惯，还能让他们快速体验到前沿的向量数据管理功能。Redis Vector Search 为传统数据库用户提供了一条接触和快速实践向量数据能力的途径。

2. 单机向量数据库

我们以 Chroma 为例简单介绍单机向量数据库。Chroma 注重轻量化部署，其整体技术架构设计简洁，专注于解决向量数据管理的核心问题。简化版 Chroma 技术架构如图 2-2 所示。

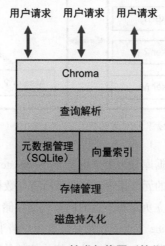

图 2-2　Chroma 技术架构图（简化版）

Chroma 专注于向量数据的存储、索引和查询功能。其查询解析模块负责接收用户请求，并将其拆分为相应的执行命令。对于数据库管理命令，查询解析模块会生成操作相关的元数据，并通过元数据管理模块保存这些数据。而向量数据操作则通过向量索引模块来执行。在读取操作中，通过向量索引匹配最佳结果后返回给用户；在写入操作中，更新内存中的索引数据，并触发存储管理模块将数据持久化到硬盘。

Chroma 采用了一种针对特定问题进行极致优化的技术架构设计理念。它不提供传统数据库的复杂功能，如主从数据复制、分布式处理、事务机制、复杂查询和聚合计算等。正是由于避免了复杂性，Chroma 能够快速部署到客户端设备中，允许用户在有限资源条件下快速验证业务原型。此外，

Chroma 也支持服务端部署，并通过垂直扩展的方式提供更高性能的服务能力。

3. 存算一体分布式向量数据库

我们以腾讯云向量数据库为例简单介绍存算一体分布式向量数据库。腾讯云向量数据库是一款专为向量数据管理而设计的独立向量数据库。为了更好地服务腾讯集团内部的在线业务，其架构设计特别注重服务的连续性。腾讯云向量数据库采用了存算一体的分布式架构，这种架构降低了系统复杂性。其简化版技术架构如图 2-3 所示。

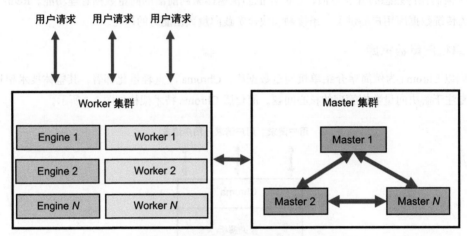

图 2-3　腾讯云向量数据库技术架构图（简化版）

在整体架构上，腾讯云向量数据库分为两个主要部分：Master 集群和 Worker 集群。Master 集群由多个节点组成，负责向量数据库的元数据管理，包括所有与数据定义相关的操作。Worker 集群则采用存算一体的架构，每个节点独立负责本节点的向量数据存储、索引和查询任务，这就是我们所说的"存算一体分布式架构"。Engine 节点的作用是接收用户请求，解析后将任务分配给 Worker 节点执行。由于计算和存储在同一个节点上进行，这种架构依赖的外部模块较少，使得架构的整体稳定性具有一定的优势。然而，由于存储与计算资源耦合在同一节点，扩容时需要将本地数据迁移到其他节点，这导致扩容效率相对较低。

4. 存算分离分布式向量数据库

Pinecone 和 Milvus 作为两款发展时间相对较长的向量数据库，在架构上展现了一定的相似性。在此，我们将它们归类为存算分离分布式向量数据库，并进行统一介绍。它们简化后的技术架构如图 2-4 所示。

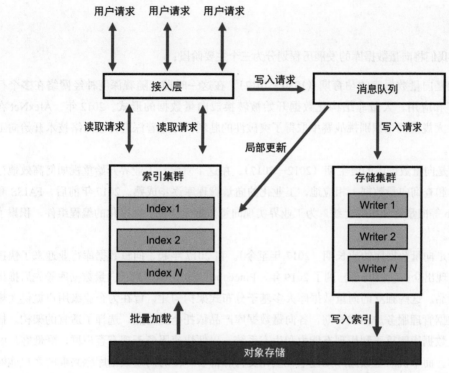

图 2-4　Pinecone/Milvus 技术架构图（简化版）

　　从图 2-4 中我们可以观察到，存算分离分布式向量数据库的一个关键特性是利用对象存储来持久化索引文件。当用户请求数据到达接入层时，写入请求通常会被放入一个消息队列。这个队列中的写入请求会被两个不同的模块处理：一方面，索引集群会消费这些数据，并在内存中构建临时的向量索引。由于这些索引数据通常规模较小，它们可以通过扁平索引结构存储在内存中。另一方面，存储集群也会处理这些数据，目的是构建规模更大的向量数据索引，并在构建完成后将数据持久化到对象存储中。这些索引文件一旦被持久化，就可以被索引集群加载到内存中使用。这意味着在扩容或新增节点时，其他索引节点可以直接从对象存储中加载数据，这就是我们所说的"存算分离分布式架构"。在这种架构下，索引集群负责提供计算能力，而存储集群负责构建索引，同时利用对象存储来持久化索引文件。

　　对于读取请求，系统会结合索引集群内存中的局部更新数据和对象存储中的固定索引文件进行查询，以找到最终结果。与存算一体分布式架构相比，存算分离分布式架构由于引入额外的模块依赖，管理的复杂度有一定的上升；但由于使用了统一的对象存储来持久化数据，当需要迁移或新增节点时，无须搬迁节点上的数据，因此扩容速度会更快。

2.4 小结

在本章中，我们将向量数据库的发展历程划分为三个主要阶段：

□ 第一阶段是向量数据库的孕育期（1980—2012）。在这一时期，随着深度神经网络在多个行业的推广和应用，大量非结构化数据开始被转换成向量数据的形式。2012 年，AlexNet 在 ImageNet 大规模视觉识别挑战赛中取得了突破性的胜利，标志着深度神经网络技术开始向工业界迈进。

□ 第二阶段是向量数据库的诞生期（2012—2017）。在这个阶段，工业界开始重视如何高效地存储、索引和查询向量数据。相应地，工业化的向量管理库逐步成熟。2017 年前后，FAISS 和 HNSWLib 等向量管理库的上线，为工业界实现向量数据库提供了标准化的编程组件，积累了关键技术。

□ 第三阶段是向量数据库的成长期（2017 年至今）。自 2017 年起，向量数据库行业迎来了快速发展，涌现出众多新参与者。到了 2019 年，Pinecone、Zilliz 和腾讯云向量数据库等先后推出了自家产品。这些独立的向量数据库大多基于分布式架构构建，旨在为企业级用户提供大规模向量数据管理服务。在成长期，各向量数据库产品依托企业特点，选择了适宜的架构。插件式向量数据库侧重于利用现有能力和生态系统，以便快速服务于现有客户群，降低客户的学习成本。而单机向量数据库则注重轻量化交付和部署，使对向量数据库感兴趣的客户能够以较低成本快速尝试。存算一体与存算分离的向量数据库代表了两种不同的技术选择，前者通常具有简单、稳定的架构，后者则在扩展上更加灵活。

尽管发展时间仅十余年（从诞生期算起），作为数据库技术领域的新兴方向，向量数据库正随着 AI 技术的蓬勃发展而迅速成长。随着市场对向量数据库的需求日益增长，我们这些一线开发者，正通过不断探索，实实在在推动着这一技术领域的进步。

在前两章，我们了解了向量数据库的来龙去脉，在接下来的第 3 章，我们将深入学习向量数据库的核心能力，为从第 4 章开始的动手实践做好充分准备。

第 3 章
向量数据库的核心能力

百闻不如一见。兵难隃度，臣愿驰至金城，图上方略。

——《汉书·赵充国传》，班固

通过前面两章的学习，我们已经知道：向量数据本质上是一种结构化的数据形式，它由非结构化数据通过向量化技术转化而来，从而成为计算机可以理解的数据。向量数据库，顾名思义，就是管理向量数据的数据库管理系统。

如果你对数据库系统有一定了解，你一定知道数据库领域已经有一套非常成熟的方法和体系来实现数据库管理系统。向量数据库如何与已有的知识体系相结合？向量数据库本身具备哪些能力？我们在使用向量数据库时应该关注哪些关键指标？向量数据库需要哪些重要的高阶功能才能更好地提供服务？带着这些问题，我们来开启本章的学习。为方便理解，本章在介绍向量数据库能力的过程中，以腾讯云向量数据库为例来具体说明 [①]。

3.1 基础能力

为了在数据库中有效地组织和管理数据，良好的数据组织结构至关重要。尤其是在处理大规模数据集时，简单扁平地堆积所有数据将导致管理混乱，并且无法充分挖掘数据价值。因此，一个易用的向量数据库通常提供精心设计的数据层次结构。企业需根据自身业务场景合理规划数据层次结构，良好的数据层次结构设计有助于企业长期开发和运维基于数据库的应用。

基于对性能和扩展性的要求，向量数据库的使用方式更接近传统的非关系型数据库，因此，向量数据库的整体设计理念中融入了大量非关系型数据库的设计思路。本节将详细介绍向量数据库的基础能力，帮助你从使用者的角度出发，在整体上对其有更直观、具象的认识。

---

① 腾讯云向量数据库的功能文档可以参考腾讯云官网。如果对其他向量数据库（如 Milvus、Pinecone 等）感兴趣，也可以参考其官网进一步了解。

3.1.1 逻辑层次

向量数据库通常包含五个逻辑层次，分别是实例、库、集合、文档以及字段。其中实例位于最顶层，字段位于最底层，五者是依次向下包含的关系，共同构成了向量数据库的逻辑结构。

我用下面的思维导图概括了向量数据库的五个主要逻辑层次，以及每个层次的关键特征和组件，方便你理解向量数据库的组织方式，以及如何通过不同的层次进行数据管理和操作。

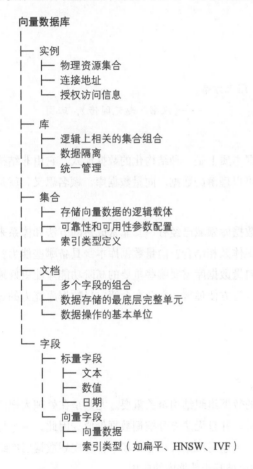

```
向量数据库
|
├── 实例
|    ├── 物理资源集合
|    ├── 连接地址
|    └── 授权访问信息
|
├── 库
|    ├── 逻辑上相关的集合组合
|    ├── 数据隔离
|    └── 统一管理
|
├── 集合
|    ├── 存储向量数据的逻辑载体
|    ├── 可靠性和可用性参数配置
|    └── 索引类型定义
|
├── 文档
|    ├── 多个字段的组合
|    ├── 数据存储的最底层完整单元
|    └── 数据操作的基本单位
|
└── 字段
     ├── 标量字段
     |    ├── 文本
     |    ├── 数值
     |    └── 日期
     └── 向量字段
          ├── 向量数据
          └── 索引类型（如扁平、HNSW、IVF）
```

1. 实例

实例（instance）是向量数据库资源管理的载体，代表了向量数据库的物理资源集合，实现了向量数据库逻辑概念与物理概念之间的映射。实例位于数据库的最顶层，一个实例可以容纳多个库。以腾讯云向量数据库为例，开发者在控制台上管理的资源载体即为实例，实例相关信息如图 3-1 所示。

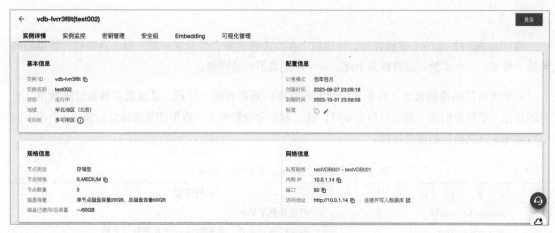

图 3-1 实例信息示意图

实例创建后，会生成一系列与实例相关的信息。这些信息主要包括实例基本信息（如实例 ID、实例名称等）、实例规格信息（如节点规格、节点数量和硬盘容量等物理资源信息）以及实例网络信息（如内网 IP、端口号和访问地址等）。借助这些重要的实例基础信息，我们可以更便捷地进行向量数据库的开发和运维操作。

在实例信息中，最关键的部分是数据库的访问连接串和访问控制密码。例如这里的"10.0.1.14"是我们访问向量数据库的地址。以下是一个调用示例。示例中的命令或代码基于排版的原因可能会将过长的内容分多行展示，因此需要特别注意区分命令或代码中的实际换行与排版中的折行。直接复制这部分命令执行可能会出现运行错误，可以尝试删除额外增加的换行重新运行以完成测试。

```
请求:
curl -i -X POST -H 'Content-Type: application/json' -H 'Authorization: Bearer account=root&api_key=*'
   http://$url/$action -d $data
```

该调用是我们访问向量数据库的一个直观示例，通过该调用，我们向实例的访问地址发送请求，向量数据库系统收到请求后，会根据相关请求参数进行处理并返回响应。表 3-1 说明了相关请求参数。

表 3-1 对向量数据进行访问请求的参数

参　　数	功能描述
account	开发者访问实例的账号名称，开发者可以基于 account 进行权限控制
api_key	开发者访问实例的密钥，用来验证是否是 account 账户
$url/$action	每个实例的访问连接串，其中 url 可以从控制台获取，例如图 3-1 中实例的 10.0.1.14:80，action 字段根据后续实际操作设置，例如 /database/create、/document/upsert 等
-d $data	data 字段传入 action 字段对应的合法 JSON 数据

2. 库

库（database）是一个逻辑容器，将逻辑上存在关联的集合整合在一起，便于后续进行数据隔离和统一管理。一个实例可以容纳多个库，一个库汇集了一系列集合。

开发者可依据库的概念，在业务层面实现数据的隔离和统一管理，从而提高数据管理效率。对库的操作主要包含创建、删除和列表接口，这三者是库级别相关元数据的管理接口。表 3-2 列出了向量数据库库级别操作的重要接口。

表 3-2　向量数据库库级别操作的重要接口

接　　口	功能描述
/database/create	创建实例下的库
/database/drop	删除已创建的库，并删除库中所有集合及文档
/database/list	列出当前实例下已创建的所有库

以下是一个创建库的接口调用示例。

```
请求:
curl -i -X POST -H 'Content-Type: application/json' -H 'Authorization: Bearer account=root&api_key=*'
    http://10.0.1.84:80/database/create -d '{"database": "db-test"}'
返回:
{"code":0,"msg":"operation success","affectedCount":1}
```

在这个示例中，我们通过 /database/create 接口创建了一个名为 db-test 的库。我们将基于这个创建完成的 db-test 库，继续进行集合这个概念的介绍和详细接口示例说明。

3. 集合

集合（collection）是存储向量数据的逻辑载体。在向量数据库中，集合的概念类似于关系型数据库中的表。一个库汇集了一系列集合，每个集合又由大量的向量数据文档组成。创建集合时，有几个较为重要的配置参数，例如索引类型、相似度计算方法，以及分片数和副本数。集合的索引类型指示了该集合将使用何种数据结构来组织向量数据，该参数在不同的向量数据规模下会有不同的选择，极大地影响着向量数据后续的访问性能；相似度计算方法在第 1 章中进行了介绍，该参数指示了如何对比向量之间的相似度；分片数和副本数指示了该集合对外提供服务的最大能力，是系统承载能力的配置参数。集合所承载的这些配置信息对其下所有向量数据生效。配置好相关的系统参数，是开发者长期管理大规模向量数据的关键要素。表 3-3 列出了向量数据库集合级别操作的重要接口。

表 3-3　向量数据库集合级别操作的重要接口

接　　口	功能描述
/collection/create	在已创建的库下创建集合
/collection/drop	删除已创建的集合，并删除该集合下所有的文档

（续）

接　　口	功能描述
/collection/list	列出当前库下已创建的所有集合
/collection/describe	查询指定集合的配置参数
/collection/truncate	清空指定集合中所有的数据与索引，仅保留集合配置参数，例如索引类型及分片数和副本数等参数设置，降低开发者的操作成本

以下是一个创建集合的接口调用示例。

```
请求：
curl -i -X POST -H 'Content-Type: application/json' -H 'Authorization: Bearer account=root&api_key=*'
    http://10.0.1.84:80/collection/create -d '{"database": "db-test", "collection": "book-vector",
    "replicaNum": 2, "shardNum": 1, "description": "this is the collection description", "indexes":
    [{ "fieldName": "id", "fieldType": "string", "indexType": "primaryKey"}, {"fieldName": "vector",
    "fieldType": "vector", "indexType": "HNSW", "dimension": 3, "metricType": "COSINE", "params":
    {"M": 16, "efConstruction": 200}}, {"fieldName": "bookName", "fieldType": "string", "indexType":
    "filter"}]}'
返回：
{"code":0,"msg":"operation success","affectedCount":1}
```

在这个示例中，我们通过 /collection/create 接口在 db-test 库下创建了一个名为 book-vector 的集合。

集合的创建接口涉及的参数比较多，这些参数是在调用创建接口时需要传递的关键信息。表 3-4 列出了其中几个重要参数并加以说明。

表 3-4　集合创建接口的重要参数

参　　数	功能描述
collection	创建集合的名称，后续管理集合和向量数据的载体
shardNum	数据的分片数。开发者将大规模的数据集拆解为多个子数据集，用来解决单节点存储容量受限的问题，单个子数据集就是一个分片
replicaNum	数据的副本数，指定每个分片的副本数量，主要用来提升容灾能力，解决单节点读取性能受限的问题
indexes	集合的索引配置。索引是用来加速数据查询的重要字段，我们会在 3.1.2 节对索引进行更详细的介绍

4. 文档和字段

在向量数据库中，文档（document）相当于关系型数据库中的一行记录。每个集合由大量的文档组成，每个文档又由若干个字段组成。文档是向量数据库中存储和操作数据的基本单元，所有数据操作都以文档为载体。

字段（field）是文档中的单个数据项，代表了文档的一个属性或特征。由设计良好的字段组成的文档是后续使用好向量数据库的关键所在。字段可以是标量字段，如字符串、整数、浮点数等，也可以是向量字段，即高维空间中的点，由向量化模型对非结构化数据进行向量化得到，是向量数据库的核心字段。

向量数据库通常提供了批量操作文档的接口，以提高操作效率，同时也支持向量和标量混合查询，以满足复杂业务场景的需求。表 3-5 列出了向量数据库文档级别操作的重要接口。

表 3-5　向量数据库文档级别操作的重要接口

接　　口	功能描述
/document/upsert	以覆盖的方式向集合中写入文档
/document/query	基于标量过滤条件从集合中查询准确的文档
/document/search	基于向量查询条件从集合中查询最近邻的 k 个文档
/document/delete	删除指定文档
/document/update	基于指定字段更新文档数据，可以单独更新向量或者标量数据

/document/upsert 接口用于向已创建的集合写入向量数据。以下是向集合中写入数据的调用示例。

```
请求：
curl -i -X POST -H 'Content-Type: application/json' -H 'Authorization: Bearer account=root&api_key=*'
    http://10.0.1.84:80/document/upsert -d '{"database": "db-test", "collection": "book-vector",
    "documents": [{"id": "0001", "vector": [0.2123, 0.23, 0.213], "author": " 罗贯中 ", "bookName":
    " 三国演义 ", "page": 21}]}'
返回：
{"code":0,"msg":"operation success","affectedCount":1}
```

通过该接口，我们向名为 book-vector 的集合写入了一个文档。这个文档包含多个字段，涵盖了标签数据和向量浮点数组数据。

/document/search 接口用于查找与给定查询向量最相似的 k 个向量。该接口支持根据指定 ID 或文本 / 向量数值进行相似度查询，返回前 k 个最相似的文档。

```
请求：
curl -i -X POST -H 'Content-Type: application/json' -H 'Authorization: Bearer account=root&api_key=*'
    http://10.0.1.84:80/document/search -d '{"database": "db-test", "collection": "book-vector",
    "search": {"vectors": [[0.3123, 0.43, 0.213]], "params": {"ef": 200}, "limit": 3}}'
返回：
{"code":0,"msg":"operation success","documents":[[{"id":"0001","vector":[0.21230000257492066,
    0.23000000417232514,0.21299999952316285],"score":0.9714228510856628,"page":21,"author":" 罗贯中 ",
    "bookName":" 三国演义 "}]]}
```

通过该接口，我们查询到与向量 $[0.3123, 0.43, 0.213]$ 最近邻的向量为 "id": "0001" 的向量。返回值中包含 "score": 0.9714228510856628，这里的 score 与开发者在创建集合索引时设定的向量相似度计算方法有关。我们在 1.1.3 节中对常见的计算方法进行了详细介绍。

在这一节中，我们了解了数据库的五个逻辑层次：实例、库、集合、文档和字段。在实际应用中，为了确保数据隔离效果，我们可以根据组织结构和业务需求来划分数据库的实例、库、集合和文档的不同层次。

- 如果不同部门之间需要数据完全独立，则应为每个部门分配独立的数据库实例。
- 在同一部门内，不同业务系统可以通过库实现隔离，确保业务数据的独立性。
- 对于同一业务系统内的不同模块，可以使用集合来区分数据，这样既保持了数据的分离，也便于后续的数据整合和使用。
- 在同一模块中，不同用户的数据通常可以存储在一个集合中的不同文档里，以用户 ID 或其他标识符区分。

要在向量数据库中高效地管理数据，我们必须为相关数据建立合适的索引。向量数据库有哪些索引？这些索引又会如何影响相关的数据管理效率？

3.1.2 索引

向量数据库通常支持包括主键索引、向量索引和过滤器索引在内的多种索引类型。简单来说，主键索引用于快速查找特定文档，向量索引用于快速查询相似向量，而过滤器索引用于对数据进行过滤。这三种索引类型各自适用于不同的查询场景，帮助开发者高效地执行各种查询操作。

1. 主键索引

主键索引（primary key index）是一种用于快速查找特定文档的数据库索引类型。在主键索引中，每个文档都具有一个唯一标识符，称为主键。利用这些主键，主键索引可以快速定位特定文档，而无须扫描整个集合。腾讯云向量数据库默认将文档 ID 作为主键来构建主键索引。表 3-6 说明了配置主键索引时的重要参数。

表 3-6　配置主键索引时的重要参数

参　　数	功能描述
fieldName	主键索引对应文档的字段名称，腾讯云向量数据库默认将文档 ID 作为主键
fieldType	主键字段的类型，例如 string
indexType	索引类型，主键索引配置为 primaryKey

2. 向量索引

向量索引（vector index）与关系型数据库中的索引概念类似，是一种专门针对向量数据类型设计的数据结构，目的是提高对向量数据的访问和查询效率。它基于数学模型和算法，在时间和空间复杂度上追求相对高的性能。但不同于传统索引处理结构化数据，向量索引侧重于处理高维度向量数据，这些向量数据通常通过对非结构化的文本、图像等向量化得到。

业界主流的向量数据库通常支持扁平索引、HNSW 索引和 IVF 索引等向量索引方法。表 3-7 列出了这些主流的向量索引方法的重要信息。

表 3-7　主流向量索引方法的重要信息

向量索引	简　介	优　点	缺　点	适用场景	参数配置
扁平索引	将所有向量数据按顺序存储在一个扁平的结构中	1. 实现简单 2. 对于小规模数据集查询速度快 3. 查询精度高	1. 对于大规模数据集查询效率低，需要线性扫描全部数据 2. 内存开销大，需要将所有向量数据加载到内存中	1. 小规模向量数据集（通常在百万个向量数据以下） 2. 对查询精度和召回率要求高 3. 对查询时间和效率要求不高	无需额外参数
HNSW 索引	通过构建多层非递归图结构来组织数据，支持快速同层查询和跨层查询	1. 良好的扩展性，适用于大规模数据集（单索引可达千万级别） 2. 查询性能优异，通常只需扫描少量数据 3. 支持动态写入数据	1. 构建索引的时间开销较大 2. 查询精度无法达到 100%，存在小概率失误 3. 内存开销较大	1. 大规模向量数据集 2. 对查询响应时间和效率有较高要求 3. 可以接受小概率的查询失误，即使用近似结果	参数 efConstruction 用于指定查询时寻找节点邻居遍历的范围，数值越大，构图时间越长；而参数 M 用于指定每个节点在单层图中可以连接多少个邻居节点，影响索引的空间占用和查询效率
IVF 索引	首先对向量数据进行聚类，然后在聚类内部构建一个倒排索引信息，并且可以叠加量化和压缩算法	1. 占用内存相对较小，与量化编码技术相结合，可以进一步节省内存空间 2. 良好的扩展性，支持超大规模数据集	1. 查询精度相对较低 2. 需要预先构建聚类算法，实时性相对较差	1. 大规模甚至超大规模向量数据集（但对内存使用量有限制） 2. 更看重存储空间开销而非绝对查询时间 3. 可接受适当的查询精度和时间的权衡	参数 nlist 表示索引中的聚类中心数量，用于划分向量空间；参数 M 表示乘积量化中每个子向量的维度，影响量化的精度和索引的空间占用

扁平索引、HNSW 索引和 IVF 索引各自适用于不同的应用场景。在创建集合前，开发者需根据向量数据预估规模和业务对查询精度的要求进行预先规划，以选择合适的索引类型，从而确保后续向量查询效果的最优化。对此，我们有一组经验数据，如下所示。

❑ 扁平索引：可实现 100% 的查询精度要求，适用于单索引向量数据规模在 100 万行以内的场景。

❑ HNSW 索引：虽无法提供 100% 的查询精度，但能达到 99%，适用于单索引向量数据数千万行级规模的场景。

❑ IVF 索引：对于召回率要求较低（通常上限在 90%）的场景，IVF 系列索引更为合适，其单索引向量数据规模可达 1 亿行级。

3. 过滤器索引

过滤器索引（filter index）是基于标量字段构建的索引。在标量字段上建立过滤器索引后，在向量查询过程中，系统将根据过滤器指定的标量字段条件表达式来过滤查询范围，以匹配相似向量文档。条件表达式是一种用于筛选向量文档的查询条件，可根据向量文档中的字段值进行筛选。通常，条件表达式由一个或多个条件组成，每个条件包括一个字段名、一个比较运算符和一个值。具体的使用示例将在 3.2.4 节进行详细介绍。

以下是一个配置过滤器索引的参数示例。

```
{"fieldName": "bookName", "fieldType": "string", "indexType": "filter"}
```

这样，我们就在向量数据集中为名为 bookName 的字符串类型标量字段创建了一个过滤器索引。创建过滤器索引是为了在之后的向量相似度查询时，可以先用 bookName 字段的值作为条件表达式，过滤出满足条件的向量文档子集，再在这个子集中进行相似向量查询，从而缩小查询范围，提高查询效率。

4. 索引重建

从前述索引的配置方法可知，不同索引类型需要配置不同的索引参数，而选择索引参数又与实际向量数据规模密切相关。例如，在向量数据行数增加时，需要调整 HNSW 索引中的 M 和 efConstruction 参数以保证高召回率。因此，向量数据库需要支持动态索引重建。

我们使用 /index/rebuild 接口来进行索引重建，该接口用于重建指定集合的所有索引，包括清除无用索引数据、修复损坏索引数据、优化索引结构，从而提升性能。

以下是该接口的一个调用示例。

```
请求:
curl -i -X POST -H 'Content-Type: application/json' -H 'Authorization: Bearer account=root&api_key=*'
    http://10.0.1.84:80/index/rebuild -d '{"database": "db-test", "collection": "book-vector",
    "dropBeforeRebuild": true}'
返回:
{"code":0,"msg":"operation success"}
```

该接口会通知数据库管理系统基于当前的数据继续索引重建。特别要注意的是，索引重建是一项高风险操作，可能影响在线服务。通常接口会提供参数来定制化某些行为。仍然以上面的调用示例为例，其中 dropBeforeRebuild 参数表示在重建索引时，是否需先删除旧索引再重建新索引。若内存资源不足，可先删除旧索引。然而，在新索引创建完成之前丢弃旧索引的模式影响很大，重建过程中该集合无法正常读写。若内存资源充足，可不删除旧索引。保留旧索引的模式影响相对较小，在新索引创建完成之前，该集合可读取数据，但禁止写入数据。

3.1.3 关键指标

在熟悉了向量数据库的基本操作之后，我们需要关注如何衡量当前向量数据库的运行状况。访问延迟、实例吞吐量和召回率是向量数据库性能评估的核心指标，它们分别从响应速度、处理能力和查询准确性三个角度来衡量数据库的性能。

- □ 访问延迟（latency）指的是从系统收到查询请求到返回响应所经历的时间。在向量数据库中，低延迟意味着应用可以更快地得到查询结果，这对于提升应用体验和系统响应速度至关重要。
- □ 实例吞吐量（throughput）指的是在给定的测试条件下，单个服务实例在资源（如 CPU、内存、I/O 等）达到其性能极限时，能够持续处理的最大工作负载量，通常以每秒处理请求数（QPS）这个性能度量标准来表示。高吞吐量表明数据库能够有效地处理大量并发请求，这是衡量系统扩展能力和性能的关键指标。
- □ 在向量数据库中，召回率（recall）通常用于衡量查询结果的完整性，即系统查询到的相关目标文档占实际存在的相关目标文档的比例。高召回率意味着系统能够返回更多预期内文档的查询结果，这对于确保查询结果的准确性和全面性非常重要。召回率的计算公式为：

召回率 = 查询到的相关目标文档数量 / 实际存在的相关目标文档总数量

召回率的值在 0 到 1 之间，数值越接近 1，说明系统在寻找与待查询向量相似的目标向量时准确度越高。在实际应用中，通常需要在召回率与查询速度之间达到平衡，以实现既高效又准确的向量相似度查询。

为了测量向量数据库系统的关键指标，我们通常会采用一些标准工具来辅助评估。ANN-Benchmarks 是行业内广泛使用的测试工具之一，它不仅提供了客户端压测程序来统计延迟、QPS 等关键信息，更重要的是还提供了标准数据集。通过这些标准数据集，可以准确识别当前请求返回结果是否正确，从而统计压测过程中的整体召回率情况。

根据腾讯云向量数据库与开源向量数据库的实际测试情况，在相同测试条件和硬件资源的前提下，对一个 1000 万行、维度为 768 的向量数据执行 Top10 的查询（即返回与待查询向量最相似的前 10 个向量），并且要求召回率在 95%，结果平均延迟小于 10ms，p99 延迟小于 20ms（即 99% 的查询响应时间小于 20ms）。

在整体资源满负载的情况下，我们关注向量数据库的整体吞吐能力。在相同测试条件下，单 CPU 达到 120QPS 是一个相对可接受的水平。

此外，向量数据库系统还需提供实时的监控指标，以便开发者实时了解整个系统的运行状况。例如，图 3-2 展示了类似于腾讯云向量数据库控制台上的相关指标监控。

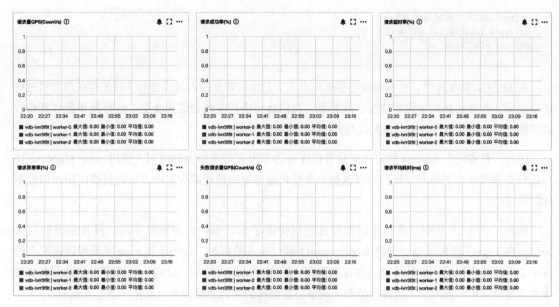

图 3-2　向量数据库指标监控示意图

3.2　高阶能力

向量数据库作为一种较新的数据库形态，除了具备传统数据库的基础功能外，还有一些与向量数据库生态密切相关的高阶能力。在本节内容中，我们将重点介绍向量数据库的相关高阶能力。

3.2.1　动态 schema

在 3.1.1 节中，我们了解了向量数据库中的集合概念。在创建集合时，需要指定的相关参数，例如分片数和副本数等，会影响集合的数据可靠性和可用性。此外，我们还了解了对集合而言，选择合适的索引参数非常重要。然而，你可能已经注意到，除了预先定义索引字段之外，我们并未定义集合的其他字段。这正是向量数据库所具备的动态 schema 能力。这相比于传统关系型数据库有一些不同，以下结合一个实际案例进行说明。

我们以 MySQL 数据库为例，在开始向一个表中写入数据之前，我们需要先定义表结构。

例如使用以下命令创建图书信息表。

```
CREATE TABLE books (
    book_id INT(11) NOT NULL AUTO_INCREMENT,
    title VARCHAR(255) NOT NULL,
```

```
    author VARCHAR(100) NOT NULL,
    category VARCHAR(50) NOT NULL,
    PRIMARY KEY (book_id)
);
```

在 MySQL 数据库中，所有字段必须事先定义。后续的数据写入过程会对字段的存在和类型进行严格校验。若需要新增字段或修改字段类型，我们就要进行在线表结构变更。这种操作通常具有较高风险，因为在变更过程中，相关数据表的读写可能会受到影响。

因此，具备动态 schema 能力的向量数据库将为开发者带来极大的便利。使用 upsert/update 接口进行数据写入和更新时，我们可以根据业务变化动态地增加或减少字段，从而提高应用使用数据库的灵活性。

例如，在 3.1.1 节中，我们在创建集合时仅指定了 bookName 作为索引字段，但并未提前定义 author 和 page 字段的类型。当应用使用 upsert 接口写入数据时，author 和 page 字段可以在写入过程中动态指定，同时它们的类型也是在应用写入数据时动态决定的。这样，后续需要在集合中新增字段或变更字段类型时，无须进行类似于关系型数据库的在线表结构变更操作。动态 schema 作为非关系型数据库的标准能力，也是向量数据库的一个重要特性。

3.2.2　别名机制

通过前面的章节，我们了解到，在向量数据库的一个集合中，每行文档数据都存储了相关的向量数据。这些向量数据是通过预训练的向量化模型生成的。同时，所有数据都需要由同一个向量化模型生成。如果新旧向量模型生成的向量数据混合在一起使用，将对召回率产生负面影响。

假设我们已经基于模型 A 向量化了 1000 万行数据，这些向量数据支撑着线上用户的请求。同时，我们优化了向量化模型 B，希望用新模型刷新库中的 1000 万行向量数据。

当前的数据操作接口是一批文档一次更新，我们需要考虑如何实现对整个集合的所有文档进行一致性的向量化模型替换。

一个方案是创建一个新的集合，重现刷新数据后，客户端程序把流量切换到新的集合，但是这样做对客户端的侵入较大，门槛较高，不易实施。

一个比较好的方案是基于别名机制来实现。

/alias/set 接口用于为集合指定别名。别名可以是一个简短的字符串，方便标识和访问对应的集合。一个集合可以设置一个或者多个别名。

假设客户端代码当前访问的集合名称为 A，我们可以在后台新建一个集合 B，并使用新的向量化模型将新的向量数据写入 B。当数据写入完成后，B 中将包含完整的向量数据。接下来，我们调用

/alias/set 接口，将 B 的别名设置为 A。客户端仍使用 A 来访问数据，但由于 A 已经成了 B 的别名，对 A 的数据请求实际上会访问 B 中的数据。通过这一流程，我们可以在线完成向量化模型的替换，且做到客户端无感知。

以下是一个别名接口的调用示例。

```
请求：
curl -i -X POST -H 'Content-Type: application/json' -H 'Authorization: Bearer account=root&api_key=*'
    http://10.0.1.84:80/alias/set -d '{"database": "db-test", "collection": "B", "alias": "A"}'
返回：
{"code":0,"msg":"operation success","affectedCount":1}
```

如果发现切换至集合 B 之后业务不符合预期，我们还可以使用别名的删除接口 /alias/delete 来取消别名。

3.2.3 向量化

在向量数据库中写入数据时，通常需要开发者先通过向量化模型将原始的非结构化数据转换为向量数据。当开发者调用向量数据库的写入 / 查询接口时，输入的参数应为已经向量化处理过的向量数据。

如在 3.1.1 节中，我们使用 /document/upsert 接口写入数据时，示例参数中的 vector 字段填入的是通过向量化模型提前生成的向量数据。

为了调用这个接口，开发者需要选择一个适合自己的向量化模型，将原始数据转换为向量数据。在这个过程中运行模型需要 GPU 环境，这对于开发者而言门槛就更高了，很多想要尝试向量数据库的开发者往往会因此而放弃。

为了简化处理过程，向量数据库完全可以提供一种机制，使开发者能够直接通过原始数据（文本 / 图像 / 音频）与向量数据库进行交互。向量数据库的向量化能力正提供了这样一种可行方案。

使用向量数据库的向量化能力扩展 /document/upsert 接口后的使用示例如下。

```
请求：
curl -i -X POST -H 'Content-Type: application/json' -H 'Authorization: Bearer account=root&api_key=*'
    http://10.0.1.84:80/document/upsert -d '{"database": "db-test", "collection": "book-emb",
    "buildIndex": true, "documents": [{"id": "0001", "text": " 话说天下大势，分久必合，合久必分。",
    "author": " 罗贯中 ", "bookName": " 三国演义 ", "page": 21}]}'
返回：
{"code":0,"msg":"operation success","affectedCount":1}
```

从请求中我们可以看到，开发者只需输入原始的文本参数即可写入数据，相较于输入 vector 字段的原有方式，这种方式大大降低了使用门槛。

然而，需要注意的是，在创建集合时，我们应指定该集合开启向量化能力，并明确后续数据操作接口应从哪个字段提取原始文本。因此，在 /collection/create 接口的参数列表中需要增加 embedding 字段。

```
"embedding": {"field": "text", "vectorField": "vector", "model": "bge-base-zh"}
```

这个参数对象指定了数据系统针对后续数据操作的命令：从 text 字段提取原始内容，向量化之后的数据将存储在 vector 字段，向量化的模型是 bge-base-zh。

3.2.4 混合查询

向量数据库的混合查询结合了标量字段和向量字段，配合自定义的标量字段（具有文档属性的独立数值字段，如 ID、文本、数值或日期等）和过滤器条件表达式作为查询条件，实现对向量数据的综合操作（写入、更新、查询等）。这种查询方式适用于需要综合多个属性进行操作的场景。

例如，我们将用户相册中的图片向量化之后，可以将这些图片的拍摄时间、拍摄地点和向量数据一起存储到一个文档里面。在进行相似度匹配的时候，我们就可以高效地过滤不满足时间和地点要求的图片了，这样可以极大地提升查询的效率和准确率。

使用接口调用混合查询，通常会基于过滤器条件表达式，其格式为 <field_name><operator><value>，可使用 and（与）、or（或）、not（非）连接多个表达式。其中，<field_name> 表示要过滤的字段名，<operator> 表示使用的运算符，<value> 表示匹配的值。不同类型的值支持不同的运算符。例如，字符串支持等于、不等于、包含在内和排除在外等操作，而 uint64 支持大于、大于等于、等于、小于、小于等于等操作。

一个合法的过滤器条件表达式如下所示，它是一个组合了数值和字符串的逻辑表达式。

```
score=90 and (video_tag="dance" or video_tag="music")
```

使用混合查询来调用 /document/search 接口的应用示例如下。

```
请求:
curl -i -X POST -H 'Content-Type: application/json' -H 'Authorization: Bearer account=root&api_key=*'
    http://10.0.1.84:80/document/search -d '{"database": "db-test", "collection": "book-emb", "search":
    {"embeddingItems": [" 天下大势，分久必合，合久必分"], "limit": 3, "params": {"ef": 200},
    "retrieveVector": false, "filter": "bookName in (\" 三国演义 \",\" 西游记 \")", "outputFields":
    ["id", "author", "text", "bookName"]}}'
返回:
{"code":0,"msg":"operation success","documents":[[{"id":"0001","score":0.9792741537094116,"bookName":
    "三国演义","author":"罗贯中","text":"话说天下大势,分久必合,合久必分。"}]]}
```

在此示例中，我们展示了如何实现向量与标量的混合查询。在请求中，我们指定向量查询字段 search.embeddingItems 为"天下大势，分久必合，合久必分"，并设置 filter 字段过滤条件表达式为 bookName in (\" 三国演义 \",\" 西游记 \")，从而实现综合查询最相似的前三个文档。

在向量数据库的实际业务应用场景中，这种结合向量字段和标量字段的混合查询模式受到了开发者的广泛欢迎和应用。

3.3　小结

本章我们从基础概念出发，由浅入深地了解了向量数据库的基础能力和高阶能力。经过本章的学习，希望你对向量数据库的逻辑层次概念和使用方式有了一定的了解，方便后续章节的学习。以下是本章核心知识点的总结。

- 通过掌握向量数据库的五个逻辑层次概念（**实例、库、集合、文档和字段**），我们可以更高效地管理和操作数据与索引。万丈高楼平地起，合理规划数据库结构和索引策略对于后续的数据库运维至关重要。
- 为了更好地查询文档，我们需要选择合适的索引类型。**扁平索引、HNSW 索引和 IVF 索引**各自适用于不同的应用场景，开发者需要根据实际应用场景做出恰当的选择。
- 传统数据库的关键指标（**访问延迟、实例吞吐量**）对向量数据库同样重要，它们影响长期运营成本，是需持续关注的系统指标。此外，向量数据库查询的**召回率**也至关重要，脱离召回率谈论其性能是不科学的。
- **动态 schema** 提供了扩展性和灵活性，避免了频繁的表结构变更。要知道，每次增加数据时的在线表结构变更是很多数据库管理人员的噩梦。
- **别名机制**让我们能够无缝升级向量化模型，减少了对在线业务代码的侵入，为业务发展提供了空间。
- 向量数据库内置的**向量化**功能降低了开发者的使用门槛，使得即使缺乏向量化经验的开发者也能快速上手，大大推动了向量数据库的普及。
- 在实际应用中，向量数据和标量数据往往配合使用。向量数据库不仅支持基于向量的查询，还支持结合向量和标量条件的**混合查询**，可通过过滤条件表达式加速查询并提高精度。

第二部分

构建向量数据库

相较于其他物种，人类在解决复杂问题方面更具优势，这主要归功于我们善于将烦琐任务分解成小任务并逐一攻克。任务拆解产生两个益处：一是"化整为零"，任务分解，降低难度，使原本艰巨的挑战变得易于应对；二是"术业有专攻"，不同领域的小任务，由专家独立完成，每个人专注于自己擅长的领域，他人直接利用专家成果，避免重复工作，累积成果如积木般叠加。尤其是数据库等软件技术领域，几十年的发展已积累出大量可复用组件。

在构建向量数据库的过程中，我们采用了类似的策略。为了创建分布式向量数据库，我们首先着手开发可独立运行的单机向量数据库。

第 4 章
实现单机向量数据库

不积跬步，无以至千里；不积小流，无以成江海。

——《劝学》，荀子

在本章中，我们计划通过三步来实现单机向量数据库。

首先，实现向量数据索引，该索引支持向量数据的写入和查询操作；其次，在此基础上继续开发混合数据索引，以支持标量数据和向量数据的混合写入和查询；最后，我们需要确保系统具备故障恢复能力，以保障数据的可靠性。

我们的目标是实现基础向量数据与标量数据的写入和查询功能，并确保整个系统在遇到故障时能够快速恢复。

从本章开始，书中会出现大量配套源码，你可以通过图灵社区本书主页的"随书下载"获取本书的所有源码。建议你一边阅读本书，一边实践对应章节的配套源码，从 0 到 1 逐步打造一款分布式向量数据库。

4.1 实现向量数据索引

对于一个向量数据库，我们最基本的要求是能够接受一定数量的向量数据的写入和查询。一旦数据成功写入，我们可以通过另一个待查询向量从写入的向量数据中找到与之最近邻的 k 个向量。

为实现这一功能，我们可以先从学习业界广泛使用的开源向量库 FAISS 与 HNSWLib 的核心功能和相关源码开始[1]。

---

① 本书所用第三方库等相关资源，以本书写作时所用版本为准。——编者注

4.1.1　FAISS 核心功能

```
FAISS 核心功能
├─ 数据结构
│   ├─ Index（核心数据结构）
│   │   ├─ 成员变量（d、metric_type、ntotal）
│   │   └─ 成员函数（add、search 和 remove_ids）
│   ├─ IndexFlatCodes（继承自 Index，负责向量存储）
│   └─ IndexFlat（继承自 IndexFlatCodes，实现 search 函数）
│   └─ IndexIDMap（负责 ID 与向量的映射存储）
├─ 核心功能
│   ├─ 写入向量数据
│   │   └─ 使用 add 或 add_with_ids
│   ├─ 查询向量数据
│   │   └─ 使用 search
│   └─ 删除向量数据
│       └─ 根据 ID 删除指定向量
└─ 函数实现
    ├─ IndexFlatCodes::add（实现向量数据的写入）
    ├─ IndexFlat::search（实现向量数据的查询）
    └─ IndexIDMap::add_with_ids（实现带 ID 的向量数据写入）
```

标准的 FAISS 源码可以使用以下命令从 GitHub 获取。

```
git clone https://github.com/facebookresearch/faiss faiss_xx
```

1. 数据结构

在 FAISS 源码库中，核心代码位于 /faiss 文件夹。其中，最核心的数据结构是 struct faiss::Index（后文简称为 Index 或者 Index 结构体）。Index 是后续操作索引结构的重要载体。我们从 FAISS 源码中选取 Index 的核心代码（不妨称其为"简化版"，其他模块也做类似处理），方便快速学习 FAISS 的实现细节。有了对这些实现细节的深入了解，后续我们可以基于 FAISS 库方便、快捷地实现自己的扁平索引功能。简化版代码如下所示。

```
struct Index {
    int d; // 向量的维度
    MetricType metric_type; // 用于向量相似度计算的方法类型
    idx_t ntotal; // 索引中存储的向量总数
    // 虚函数，向索引中写入 n 个向量，x 是指向这些向量数据的指针
    virtual void add(idx_t n, const float* x) = 0;
    // 虚函数，向索引中写入带有 ID 的 n 个向量，x 是向量数据的指针，xids 是对应的 ID 数组
    virtual void add_with_ids(idx_t n, const float* x, const idx_t* xids);
    // 虚函数，查询操作，分别查找与 n 个待查询向量 x 最近邻的 k 个向量
    // 返回结果存储在 distances（距离）和 labels（向量 ID 信息）中，params 为可选的查询参数
    virtual void search(
        idx_t n,
        const float* x,
        idx_t k,
```

```
    float* distances,
    idx_t* labels,
    const SearchParameters* params = nullptr) const = 0;
// 虚函数，根据 ID 选择器 sel 删除满足条件的向量，返回删除的向量数量
virtual size_t remove_ids(const IDSelector& sel);
};
```

2. 核心功能

表 4-1 列出了 Index 结构体的重要成员，我们后续基于 FAISS 库来实现扁平索引核心功能的时候会用到它们。

表 4-1　Index 结构体的重要成员

名　　称	类　　别	描　　述
d	成员变量	向量维度
metric_type	成员变量	用于比较向量之间的相似度的度量类型（如欧氏距离、内积）
ntotal	成员变量	索引中存储的向量总数
add	成员函数	写入 n 个向量，向量数据通过 const float* x 传入
add_with_ids	成员函数	写入 n 个向量，向量数据通过 const float* x 传入，额外通过 const idx_t* xids 传入 n 个向量对应的 ID 数组
search	成员函数	批量查询 n 个向量，向量数据通过 const float* x 传入，返回与待查询向量最近邻的 k 个向量的距离（通过 float* distances 返回）与 ID 数组（通过 idx_t* labels 返回）。SearchParameters 可额外传递一个比较函数，用于查询时的 ID 过滤
remove_ids	成员函数	从索引中删除向量，返回已删除向量的数量。IDSelector 参数可额外传递一个比较函数，用于删除时的 ID 比较

通过了解 Index 结构体的重要成员，我们可以看到成员变量 d、metric_type 和 ntotal 存储了向量数据的重要元数据。add 或 add_with_ids 成员函数用来将向量数据写入结构体内部，进行存储。这些数据后续可以通过 search 成员函数进行最近邻查询，或通过 remove_ids 成员函数进行删除。search 和 remove_ids 成员函数可以传入额外的比较函数，可以简单将其理解为基于 ID 数据的过滤函数。

另外值得注意的是，这里列出的几个成员函数都声明为虚函数，相应的子类可以根据具体场景重载自己的成员函数。通过对这些子类的学习，我们可以深入了解它们对 Index 结构体中几个成员函数的具体重载实现。

3. 函数实现

表 4-2 列出了实现扁平索引功能需要重点关注的 Index 的子结构体。

表 4-2 实现扁平索引需重点关注的 Index 的子结构体

名　称	描　述
IndexFlatCodes	继承自 Index，将所有向量编码为固定大小存储到结构体中，不提供查询成员函数的实现
IndexFlat	继承自 IndexFlatCodes，实现了 search 成员函数，search 使用顺序遍历所有向量并进行比较的算法
IndexIDMap	继承自 Index，内部提供了一个 vector 动态数组成员变量，将向量和对应的 ID 都存储起来，方便后续基于 ID 进行相关操作

IndexFlatCodes、IndexFlat 是 Index 父结构体具体实现的子结构体，Index 定义了大方向和整体框架，具体的操作函数由这里的子结构体重载实现。IndexFlatCodes 承担了存储向量数据的功能，新写入的每一条向量数据将按照写入顺序连续存储在内存中。以下是它的一个简化版实现。

```
struct IndexFlatCodes : Index {
    size_t code_size; // 编码后单条向量数据的大小，以字节为单位
    std::vector<uint8_t> codes; // 存储向量数据的连续内存区域
    // 重载自 Index 的 add 函数，用于将 n 条向量数据写入索引中
    void add(idx_t n, const float* x) override;
    // 重载自 Index 的 remove_ids 函数，用于根据 ID 选择器删除指定的向量
    size_t remove_ids(const IDSelector& sel) override;
};
```

其中 add 成员函数的核心实现也比较简单，把用户输入的向量数据写入 codes 中即可，如下所示。

```
void IndexFlatCodes::add(idx_t n, const float* x) {
    codes.resize((ntotal + n) * code_size); // 调整 codes 动态数组的大小，以容纳新写入的 n 个向量的编码
    // 对新写入的 n 个浮点数向量 x 进行编码，并将编码后的数据存储到 codes 中，从当前 ntotal 个向量的位置开始
    sa_encode(n, x, codes.data() + (ntotal * code_size));
    ntotal += n; // 更新索引中向量的总数
}
```

这里的 sa_enode 函数默认实现为简单的 memcpy 函数，也就是默认情况下 add 函数会直接将向量数据复制到 codes 对应的内存区域。通过学习 add 成员函数，我们可以知道 codes 成员中存储了所有的向量数据，总大小为 ntotal * code_size，其中 ntotal 表示 Index 中存储的已有向量的数量，code_size 表示每个向量编码后的大小。由此，我们可以总结出实际存储向量数据时 codes 成员变量使用的内存布局。图 4-1 是存储维数为 4 的浮点数向量数据时 codes 成员变量的内存布局示意图。

V1F1	V1F2	V1F3	V1F4
V2F1	V2F2	V2F3	V2F4
V3F1	V3F2	V3F3	V3F4
…	…	…	…

图 4-1 扁平索引的向量存储：codes 成员变量的内存布局（以浮点数向量为例）

其中，V1、V2、V3 表示不同的向量，而 F1、F2、F3 表示向量在不同维度的分量，这些分量如图 4-1 所示排列在内存中。通常，一个单精度浮点数占据 4 字节的空间，向量 V1 的一个维度分量占据 4 字节，从 F1 到 F4 共四个维度，占据 $4 \times 4 = 16$ 字节。后续的向量 V2 和 V3 同样占据 16 字节，所有向量的分量都是相邻存储的，没有额外的间隔或者分隔符。这种布局使得向量的内存访问更加高效。在实际应用中，IndexFlatCodes 作为一个父结构体实现了部分功能，主要为向量数据的存储空间管理和 add 函数实现。实际的 search 函数交由子结构体实现。例如，实现顺序遍历查询的 IndexFlat 结构体继承自 IndexFlatCodes，IndexFlat 结构体不再额外定义更多的成员变量，而是重点重载了相关的成员函数。以下是一个简化版本的实现代码。

```
struct IndexFlat : IndexFlatCodes {
    // 重载查询函数，用于在索引中查找与查询向量 x 最近邻的 k 个向量
    void search(
        idx_t n,                   // 查询向量的数量
        const float* x,            // 查询向量数组的指针
        idx_t k,                   // 要找到的最近邻向量的数量
        float* distances,          // 返回最近邻向量的距离数组
        idx_t* labels,             // 返回最近邻向量的 ID 数组
        const SearchParameters* params = nullptr) const override; // 可选参数，用于提供查询时的过滤函数
    ... // 如有必要，这里可以定义其他的虚函数实现
};
```

IndexFlat 结构体的 search 成员函数的核心实现代码如下所示。

```
void IndexFlat::search(
        idx_t n,
        const float* x,
        idx_t k,
        float* distances,
        idx_t* labels,
        const SearchParameters* params) const {
    // 如果提供了 SearchParameters，获取其中的 IDSelector，否则使用 nullptr
    IDSelector* sel = params ? params->sel : nullptr;
    FAISS_THROW_IF_NOT(k > 0); // 检查 k 是否大于 0，如果不是，则抛出异常

    // 根据度量类型执行不同的查询操作
    if (metric_type == METRIC_INNER_PRODUCT) {
        // 当度量类型为内积时，使用 min 堆结构体存储查询结果
        float_minheap_array_t res = {size_t(n), size_t(k), labels, distances};
        knn_inner_product(x, get_xb(), d, n, ntotal, &res, sel); // 调用内积查询函数
    } else if (metric_type == METRIC_L2) {
        // 当度量类型为 L2 距离时，使用 max 堆结构体存储查询结果
        float_maxheap_array_t res = {size_t(n), size_t(k), labels, distances};
        knn_L2sqr(x, get_xb(), d, n, ntotal, &res, nullptr, sel); // 调用 L2 距离查询函数
    } else {
        ... // 如果度量类型不是上述两种情况，这里可以添加其他度量类型的处理代码
    }
}
```

search 函数会首先检查参数 params 是否为空，如果不为空，则将 params->sel 的值赋给局部变

量 sel，否则将 sel 设置为空指针。sel 最终指向 params 中的 sel 成员，或者为空指针。sel 会用于后续的比较函数，实现过滤函数功能。接着函数基于创建索引过程中指定的 metric_type 选择对应的最近邻查询函数，然后进行最终的查询操作，并将结果写入 labels 和 distances 中。其中，labels 中存储了 k 个最近邻向量的 ID，而 distances 中存储了这些最近邻向量与查询向量之间的距离。

接下来，我们重点关注 IndexIDMap 结构体的定义，并了解它如何与 IndexFlat 配合完成向量数据的写入和查询功能。IndexIDMap 通过模板函数实现。以下是一个简化版本的 IndexIDMap 定义。

```
struct IndexIDMapTemplate : IndexT {
    IndexT* index; // 指向父类索引的指针，用于执行底层的索引操作
    std::vector<idx_t> id_map; // 存储向量 ID 的动态数组，用于维护向量 ID 到内部索引的映射
    // 构造函数，初始化时接收一个指向父类索引的指针
    explicit IndexIDMapTemplate(IndexT* index);
    // 重载父类的 add_with_ids 函数，将带有 ID 的向量写入索引中
    void add_with_ids(idx_t n, const component_t* x, const idx_t* xids) override;
    // 重载父类的 search 函数，执行查询操作，返回与待查询向量最近邻的 k 个向量的信息
    void search(
        idx_t n,
        const component_t* x,
        idx_t k,
        distance_t* distances,
        idx_t* labels,
        const SearchParameters* params = nullptr) const override;
    // 重载父类的 remove_ids 函数，根据 ID 选择器删除指定的向量
    size_t remove_ids(const IDSelector& sel) override;
};
// 使用 IndexIDMapTemplate 和 Index 类型创建一个新的类型别名 IndexIDMap
using IndexIDMap = IndexIDMapTemplate<Index>;
```

可以看到，IndexIDMap 中有一个额外的 index 成员变量和 id_map 成员变量。我们可以通过分析 add_with_ids 和 search 成员函数的具体实现，了解这两个成员变量如何发挥作用。add_with_ids 成员函数的实现如下所示。

```
template <typename IndexT>
void IndexIDMapTemplate<IndexT>::add_with_ids(
        idx_t n,
        const typename IndexT::component_t* x,
        const idx_t* xids) {
    index->add(n, x); // 调用父类索引的 add 函数，将向量 x 写入索引中
    // 遍历所有要写入的向量
    for (idx_t i = 0; i < n; i++)
        id_map.push_back(xids[i]); // 将每个向量的 ID 写入到 id_map 动态数组中
        this->ntotal = index->ntotal; // 更新当前类的 ntotal 成员变量，以匹配父类索引中的向量总数
}
```

原来，IndexIDMap 在执行写入向量操作时，会调用 index 成员变量的 add 成员函数在 index 中存储向量数据，同时按照向量的写入顺序将向量的 ID 顺序存储在 id_map 中。该写入顺序就是该向量的写入位置，也就是说后续可以通过向量的写入位置从 id_map 中获取到该向量的 ID。

IndexIDMap 调用 search 函数执行查询，以下是简化后的 search 函数的实现代码。

```
template <typename IndexT>
void IndexIDMapTemplate<IndexT>::search(
        idx_t n,
        const typename IndexT::component_t* x,
        idx_t k,
        typename IndexT::distance_t* distances,
        idx_t* labels,
        const SearchParameters* params) const {
    index->search(n, x, k, distances, labels, params);
    // 遍历查询结果，将标签转换为原始 ID（如果有必要）
    idx_t* li = labels;
    for (idx_t i = 0; i < n * k; i++) {
        // 如果标签是负数（可能是因为在原始数据集中不存在），直接返回标签，
        // 其他情况则使用 id_map 中该标签对应的 ID
        li[i] = li[i] < 0 ? li[i] : id_map[li[i]];
    }
}
```

IndexIDMap 同样会调用 index 成员变量的 search 函数来完成最终的查询操作，search 函数会返回最近邻向量的标签（labels）数据，该数据对应了向量在 id_map 中的存储位置，基于这个位置，我们可以通过 id_map 获取对应位置的向量 ID，最后将 ID 返回给调用者。

通过学习 Index、IndexFlatCodes、IndexFlat 和 IndexIDMap 四个结构体的源码，我们了解了它们的实现细节。后续，我们可以基于它们完成我们自己的扁平索引写入和查询功能。

IndexFlatCodes 负责向量存储，IndexFlat 负责向量相似度查询，IndexIDMap 负责 ID 与向量存储位置的映射。最终，以 IndexIDMap 作为整体包裹结构体供外部使用。以下函数代码可用于初始化一个 FAISS 结构体对象，基于该对象可以完成后续向量数据的写入和查询操作。

```
faiss::Index* index = new faiss::IndexIDMap(new faiss::IndexFlat(dim, faiss_metric))
```

4.1.2　实现扁平索引

```
实现扁平索引
├── FaissIndex 类
│   ├── 隐藏 FAISS 库内部实现
│   └── 提供简单接口：insert_vectors 和 search_vectors
├── IndexFactory 类
│   ├── 初始化索引：IndexType 和 MetricType
│   └── 获取索引：通过索引类型返回对应索引对象
├── HttpServer 类
│   ├── 基于 cpp-httplib 实现 HTTP 服务
│   └── 处理 /search 和 /insert 请求
└── main 函数
    ├── 初始化日志记录
    └── 启动 HttpServer 监听端口
```

基于 FAISS 库提供的基础能力，接下来我们开始动手实现基于扁平索引的单机版向量写入和查询引擎。为了便于在单机版代码基础上演进更多功能，我们在设计单机版的时候力求逼近后续对外提供服务的能力要求，并尽量使整体架构模块化，以支持更多能力的演进。整体代码设计理念遵循 Linux 生态最倡导的一句话——"提供机制（mechanism）而不是策略（policy）"，通过模块化方式提供多种机制，方便后续功能的逐步补充。

1. FaissIndex 类

首先，从 FAISS 库的封装开始，我们定义一个自己的 FaissIndex 类。这个类的目的是尽量隐藏 IndexIDMap、IndexFlat 等 FAISS 的内部概念，仅对外暴露扁平索引功能的相关操作。同时，这也有利于在后续扩展扁平索引功能时不侵入 FAISS 库。FaissIndex 类的定义如下所示。

```
class FaissIndex {
public:
    // 构造函数，接收一个指向 FAISS 索引对象的指针
    FaissIndex(faiss::Index* index);
    // 公共成员函数，用于将向量数据和对应的标签写入索引中
    void insert_vectors(const std::vector<float>& data, uint64_t label);
    // 公共成员函数，用于在索引中查询与待查询向量最近邻的 k 个向量
    // 返回一个包含两个动态数组的 pair，第一个动态数组是找到的向量的标签，第二个动态数组是相应的距离
    std::pair<std::vector<long>, std::vector<float>> search_vectors(const std::vector<float>& query, int k);
private:
    faiss::Index* index; // 私有成员变量，存储指向 FAISS 索引对象的指针
};
```

FaissIndex 类封装了对 FAISS 索引对象的操作。类中包含成员函数（构造函数、向量写入函数和向量查询函数），以及一个私有的成员变量，用于存储 FAISS 索引对象。后续我们将基于 faiss::Index* index 成员变量完成向量数据的操作。insert_vectors 成员函数的实现如下所示。

```
void FaissIndex::insert_vectors(const std::vector<float>& data, uint64_t label) {
    long id = static_cast<long>(label); // 将标签转换为 long 类型，以符合 FAISS 索引的 ID 要求
    // 1 表示写入单个向量，data.data() 提供向量数据的指针，&id 提供向量的 ID
    index->add_with_ids(1, data.data(), &id);
}
```

insert_vectors 接受两个入参，data 是需要写入扁平索引的向量数据，label 是 data 对应的向量 ID。该函数接着使用 index 成员，以用户输入的 data 和 label 作为入参调用 add_with_ids，完成实际的写入操作，当前的版本每次只写入一条数据。

search_vectors 的具体实现如下所示。

```
std::pair<std::vector<long>, std::vector<float>> FaissIndex::search_vectors(const std::vector<float>& query,
    int k) {
    int dim = index->d; // 从索引的维度属性中获取查询向量的维度
    int num_queries = query.size() / dim; // 用动态数组的长度除以每个向量的维度来计算查询向量的数量
    // 创建一个存储所有查询结果的动态数组，大小为查询向量的数量乘以 k
    std::vector<long> indices(num_queries * k);
```

```
// 创建一个存储所有查询结果距离的动态数组，大小也为查询向量的数量乘以 k
std::vector<float> distances(num_queries * k);
// 执行查询操作，传入查询向量的数量、数据、k 值、距离和向量 ID 结果的指针
index->search(num_queries, query.data(), k, distances.data(), indices.data());
return {indices, distances}; // 返回包含最近邻向量 ID 和对应距离的 pair 对象
}
```

search_vectors 函数的入参 query 接受需要查询的向量数据；接下来函数首先通过 index 成员变量获取到相关的初始化配置参数；然后结合入参构造调用 FAISS 库查询函数（index->search）需要的参数，相关参数的意义我们在 4.1.1 节已经介绍过了；最后调用查询函数来执行向量查询功能，并将得到的结果返回给调用者。

2. IndexFactory 类

至此，我们已经定义了一个可以对外交付使用的 FaissIndex 类。然而，考虑到后续可能会有其他向量索引类型需要增加到系统中，我们统一新建一个 IndexFactory 类来管理系统中不同的向量索引类型。以下是 IndexFactory 类的代码实现。

```
class IndexFactory {
public:
    void init(IndexType type, int dim, MetricType metric = MetricType::L2);
    void* getIndex(IndexType type) const;
private:
    std::map<IndexType, void*> index_map;
};
IndexFactory* getGlobalIndexFactory();
```

IndexFactory 的 index_map 成员存储了系统中已初始化的向量索引，我们将其定义为 void*，以便兼容后续可能会新增的索引类型。getGlobalIndexFactory 函数是一个定义在头文件中的全局函数，方便系统中的其他模块通过该函数获取到系统唯一的 IndexFactory 类对象。

IndexFactory 中定义的 init 函数的实现如下所示。

```
void IndexFactory::init(IndexType type, int dim, MetricType metric) {
    switch (type) {
        case IndexType::FLAT:
            index_map[type] = new FaissIndex(new faiss::IndexIDMap(new faiss::IndexFlat(dim, faiss_metric)));
            break;
        default:
            break;
    }
}
```

init 函数是 IndexFactory 类的成员函数，用于初始化索引工厂，它根据 type 参数的值来决定创建哪种类型的索引。此处只处理了 IndexType::FLAT 这种情况，创建了一个扁平索引。特别需要注意的是，该扁平索引使用 faiss::IndexIDMap 进行初始化，以便能够存储每个向量的 ID。初始化好的索引对象被存储在 FaissIndex 类的实例中，并且 FaissIndex 实例的指针被存储在 index_map 中，以便

以后可以通过 getIndex 函数获取。getIndex 函数的实现如下所示。

```
void* IndexFactory::getIndex(IndexType type) const {
    auto it = index_map.find(type); // 使用 find 函数在索引映射表 index_map 中查找键为 type 的索引对象
    if (it != index_map.end()) {
        return it->second; // 如果找到了对应的索引对象，则返回该对象的指针
    }
    return nullptr; // 如果没有找到对应的索引对象，则返回空指针 nullptr
}
```

getIndex 函数依赖调用者传入的 type 类型来返回对应的索引对象。需要注意的是，由于返回的是 void* 类型，调用者需要根据 indexType 将其转换为实际的对象进行使用。目前系统中仅支持 FaissIndex 对象，当前的实现方式将为后续系统扩展提供便利。

我们在匿名命名空间中声明全局索引工厂对象 globalIndexFactory，并通过 getGlobalIndex-Factory 函数获取其指针，由此实现了一个全局唯一的单例工厂。

```
namespace {
    IndexFactory globalIndexFactory;
}
IndexFactory* getGlobalIndexFactory() {
    return &globalIndexFactory;
}
```

任何获取到此工厂的调用者都可以使用对应的索引对象。这是软件设计中常用的单例模式＋工厂模式，这种模式具有良好的封装性和可扩展性。在 IndexFactory 中新增索引类型将变得非常方便。然而，在多线程环境下使用这种单例模式时，需要注意配合互斥锁以防止多线程并发问题。当前实现简化了多线程处理。

3. HttpServer 类

接下来，为了让我们实现的 FaissIndex 类能够对外提供服务，我们需要选择一个对外的服务协议。由于 HTTP 的易用性和调试便利性，我们选择了基于 HTTP 对外提供服务，调用者只需通过标准的 HTTP 即可完成向量数据的写入和查询。

为此，我们定义了 HttpServer 类，实现了 HTTP 服务的监听和相应的请求处理。这个功能基于开源库 cpp-httplib 来实现，cpp-httplib 非常轻量简单，仅需引入一个 httplib.h 文件即可。同时，为了方便处理数据，我们引入了 RapidJSON 作为命令解析库，以便调用者可以通过 JSON 格式与服务端进行交互。

在服务启动时，HttpServer 注册了 /insert 和 /search 两个 HTTP 路径的处理函数。当用户的请求到达服务端时，insertHandler 和 searchHandler 就会被调度执行。代码实现如下所示。

```
// HttpServer 类的构造函数，用于初始化 HTTP 服务器
HttpServer::HttpServer(const std::string& host, int port) : host(host), port(port) {
```

```
// 使用 cpp-httplib 库创建 HTTP 服务器对象 server，并设置监听的主机地址和端口号
// 当 HTTP 请求的路径为 "/search" 时，调用 searchHandler 处理请求
server.Post("/search", [this](const httplib::Request& req, httplib::Response& res) {
    searchHandler(req, res); // 调用 searchHandler 成员函数处理查询请求
});
// 当 HTTP 请求的路径为 "/insert" 时，调用 insertHandler 处理请求
server.Post("/insert", [this](const httplib::Request& req, httplib::Response& res) {
    insertHandler(req, res); // 调用 insertHandler 成员函数处理写请求
});
}
```

以下是简化后的 insertHandler 的核心实现代码。

```
// HttpServer 类的成员函数，用于处理 HTTP 请求中的写入操作
void HttpServer::insertHandler(const httplib::Request& req, httplib::Response& res) {
    // 从 HTTP 请求中获取并解析索引类型
    IndexFactory::IndexType indexType = getIndexTypeFromRequest(json_request);
    // 通过全局索引工厂获取对应类型的索引对象
    void* index = getGlobalIndexFactory()->getIndex(indexType);
    // 将获取到的索引对象指针转换为 FaissIndex 类型的指针
    FaissIndex* faissIndex = static_cast<FaissIndex*>(index);
    // 使用 FaissIndex 对象的 insert_vectors 函数写入向量数据，data 为向量数据，label 为标签
    faissIndex->insert_vectors(data, label);
    // 设置 HTTP 响应内容为 JSON 格式，json_response 为包含响应数据的 json 对象，res 为 HTTP 响应对象
    setJsonResponse(json_response, res);
}
```

insertHandler 从用户的请求中获取写入数据需要的参数，包含向量数据和向量数据对应的 ID 信息，接着从全局索引工厂中找到对应的索引，基于对应的索引对象，调用对应的 insert_vectors 函数完成向量数据的写入功能。

以下是简化后的 searchHandler 的核心实现代码（部分代码和 insertHandler 类似）。

```
void HttpServer::searchHandler(const httplib::Request& req, httplib::Response& res) {
    IndexFactory::IndexType indexType = getIndexTypeFromRequest(json_request);
    void* index = getGlobalIndexFactory()->getIndex(indexType);
    FaissIndex* faissIndex = static_cast<FaissIndex*>(index);
    // 使用 FaissIndex 对象的 search_vectors 函数进行向量查询，query 为查询向量，k 为查询结果的数量
    results = faissIndex->search_vectors(query, k);
    setJsonResponse(json_response, res);
}
```

searchHandler 从用户的请求中获取写入数据需要的参数，包含需要查询的向量和 k，然后从全局索引工厂中通过索引类型找到对应的索引对象，完成向量数据的 k 最近邻查询功能。

以上仅展示了两个函数最核心的流程代码，其实际实现中还包括额外的参数安全校验、异常处理等逻辑，为简化理解，这里省略了相关内容。然而在实际应用中，考虑异常情况非常重要，我们需要确保系统能够应对各种异常。

4. main 函数

完成 HttpServer 类的实现之后，我们来定义程序的入口点 main 函数，它负责完成系统初始化和一些配套代码的编写。系统初始化包含日志系统和索引工厂的初始化，日志系统可以帮助我们记录关键信息，而索引工厂方便我们统一管理系统中的索引对象。

```cpp
int main() {
    init_global_logger();
    set_log_level(spdlog::level::debug);
    GlobalLogger->info("Global logger initialized");
    IndexFactory* globalIndexFactory = getGlobalIndexFactory();
    globalIndexFactory->init(IndexFactory::IndexType::FLAT, dim);
    GlobalLogger->info("Global IndexFactory initialized");
    HttpServer server("localhost", 8080);
    GlobalLogger->info("HttpServer created");
    server.start();
    return 0;
}
```

下面对这段代码的核心功能进行说明。

- 初始化全局日志记录器，并设置日志级别为 debug，以便记录详细的日志信息。
- 通过 getGlobalIndexFactory 函数获取一个全局索引工厂的实例，并使用 init 函数初始化一个扁平（FLAT）类型的索引，其中 dim 表示向量的维度。
- 创建一个 HttpServer 实例，监听本地（"localhost"）的 8080 端口。
- 启动 HttpServer，使其开始接收和处理 HTTP 请求。
- 程序正常结束，返回 0。

在代码细节实现上，为了方便系统调试，我们引入了 spdlog 库，这是一个轻量级的 C++ 日志打印库，便于我们持续跟踪和定位系统运行状况。

以下记录是测试命令访问时的请求和返回示例。

```
写入向量请求和返回：
请求：
curl -X POST -H "Content-Type: application/json" -d '{"vectors": [0.8], "id": 2, "indexType": "FLAT"}'
    http://localhost:8080/insert
返回：
{"retCode":0}

查询向量请求和返回：
请求：
curl -X POST -H "Content-Type: application/json" -d '{"vectors": [0.5], "k": 2, "indexType": "FLAT"}'
    http://localhost:8080/search
返回：
{"vectors":[2],"distances":[0.09000000357627869],"retCode":0}
```

错误请求和返回：
请求：

```
curl -X POST -H "Content-Type: application/json" -d '{"vectors": [0.5], "k": 2, "indexType": "FLAT1"}'
    http://localhost:8080/search
```

返回：

```
{"retCode":-1,"errorMsg":"Invalid indexType parameter in the request"}
```

由于我们在一开始就引入了日志系统，我们在后台可以查看标准化格式的日志（如下所示），这有助于有效地运营整个系统，在请求和返回不符合预期时系统管理员可以快速定位和分析问题。

```
[2023-10-06 00:18:23.909] [GlobalLogger] [info] Global logger initialized
[2023-10-06 00:18:30.017] [GlobalLogger] [info] Insert request parameters: {"vectors": [0.8], "id": 2,
    "indexType": "FLAT"}
[2023-10-06 00:18:56.844] [GlobalLogger] [info] Search request parameters: {"vectors": [0.5], "k": 2,
    "indexType": "FLAT"}
[2023-10-06 00:21:52.551] [GlobalLogger] [error] Invalid indexType parameter in the request
```

▶ 初始版本 v0.0.1

至此，我们已经完成了一个具备基础向量数据写入和查询功能的向量数据库的开发，我们把这个版本记为 v0.0.1。这是万里长征的第一步，我们要始终牢记，良好的架构和模块化设计将为后续扩展奠定坚实的基础。

表 4-3 整理了为实现 v0.0.1 的功能我们添加的模块和引入的功能。

表 4-3 v0.0.1 添加的模块和引入的功能

模块名称	涉及文件	描　　述
FaissIndex	faiss_index.h faiss_index.cpp	系统中对扁平索引对象的封装，隐藏了 FAISS 实现的细节
IndexFactory	index_factory.h index_factory.cpp	向量索引工厂类，进行向量索引的生成和获取，支持扁平索引类型的索引
HttpServer	http_server.h http_server.cpp	基于 cpp-httplib 实现，解析 HTTP 请求，调用对应索引执行具体操作，支持 /insert 和 /search 命令
GlobalLogger	logger.h logger.cpp	基于 spdlog 实现，提供日志记录能力，提升系统持续运营能力
VDBServer	vdb_server.cpp	main 函数实现，服务的初始化和启动入口

4.1.3 HNSWLib 核心功能

```
HNSWLib 核心功能
├── 数据结构
│   ├── AlgorithmInterface 类
│   │      └── 虚函数 addPoint 和 searchKnn
│   └── HierarchicalNSW 类
│          ├── 继承自 AlgorithmInterface
│          ├── 成员变量（max_elements、maxM 等）
│          └── 成员函数（addPoint 和 searchKnn）
├── 内存布局
│   ├── 第 0 层整体内存布局
│   ├── 非 0 层近邻索引内存布局
│   └── 内存开销分析
└── 函数实现
    ├── 初始化函数：分配内存，初始化数据结构
    ├── addPoint 函数：向量数据写入逻辑
    └── searchKnn 函数：向量查询逻辑
```

基于 FAISS，我们构建了向量数据库 v0.0.1，支持写入和查询功能。但 v0.0.1 仅仅实现了扁平索引。这种查询方式可以保证 100% 的查询召回率，在小规模数据场景下达到较高的查询效率，但当数据规模扩大时，访问延迟会迅速上升。接下来，我们计划实现 HNSW 索引，HNSW 是一种多层图索引算法，能在查询效率和召回率之间获得更好的平衡，支持大规模向量数据的高效读写。

在实现 HNSW 之前，我们先来学习 HNSWLib 的核心功能。HNSWLib 是一个专门用于大规模近似最近邻查询的库，它通过 HNSW 算法提供了一种高效的查询方法，尽管这种方法可能会损失一定的召回率精度，但特别适合需要处理大量向量数据和高并发查询的场景。

标准的 HNSWLib 源码可以使用以下命令从 GitHub 获取。

```
git clone https://github.com/nmslib/hnswlib hnswlib
```

HNSWLib 的使用非常简单，无须额外编译，只需将相关文件直接引入项目中即可。接下来，我们来学习实现 HNSWLib 的重要源码，为后续动手编写自己的高性能向量写入和查询引擎做准备。

1. 数据结构

AlgorithmInterface 类是最顶层的数据结构，它定义了 HNSWLib 索引类的标准访问接口。简化版 AlgorithmInterface 类的定义如下所示。

```
template<typename dist_t>
class AlgorithmInterface {
public:
    virtual void addPoint(const void* datapoint, labeltype label, bool replace_deleted = false) = 0;
    virtual std::priority_queue<std::pair<dist_t, labeltype>>
        searchKnn(const void* query_data, size_t k, BaseFilterFunctor* isIdAllowed = nullptr) const = 0;
};
```

以下是对代码核心功能的说明。

- □ AlgorithmInterface 是一个模板类，使用模板参数 dist_t 来表示距离的类型。
- □ 类中定义了两个虚函数，任何继承自 AlgorithmInterface 的子类都必须提供这两个函数的具体实现。HierarchicalNSW 是我们后续主要使用的子类。
- □ addPoint 函数：
  - 功能：将新的向量数据写入索引结构中。
  - 参数：
    - ➢ const void* datapoint：指向向量数据的指针。
    - ➢ labeltype label：向量数据的标签，通常存储向量的 ID。
    - ➢ bool replace_deleted：布尔值，指示是否替换已删除的向量数据，默认为 false。
- □ searchKnn 函数：
  - 功能：执行最近邻查询，返回与查询点距离最近的 k 个向量数据的标签和距离。
  - 参数：
    - ➢ const void* query_data：指向查询向量数据的指针。
    - ➢ size_t k：要查询的最近邻向量的数量。
    - ➢ BaseFilterFunctor* isIdAllowed：过滤函数指针（可选），用于判断哪些 ID 是允许查询的，默认为 nullptr（表示不进行过滤）。
  - 返回值：一个优先队列，队列中的元素是距离－标签对，按照距离从小到大排序。

AlgorithmInterface 类的核心功能是为实现多层图向量索引算法提供一个统一的接口。这个接口允许不同算法以一致的方式处理向量数据的写入和查询，同时保持算法具体实现细节的灵活性。

表 4-4 总结了 AlgorithmInterface 中两个重要成员函数。

表 4-4 AlgorithmInterface 中重要的成员函数

名　称	类　别	描　述
addPoint	成员函数	写入向量，向量数据通过 const void* datapoint 传入，额外通过 label 传入向量对应的 ID，replace_deleted 支持用新写入的向量替换之前标记删除的向量
searchKnn	成员函数	查询向量，向量数据通过 const void* query_data 传入，查询最近邻 k 个向量结果，std::priority_queue<std::pair<dist_t, labeltype>> 返回 k 个结果的 ID 数组，BaseFilterFunctor* isIdAllowed 可额外传递一个比较函数，可用于查询时的 ID 过滤

HierarchicalNSW 类继承自 AlgorithmInterface 模板类，实现了一个分层的近邻查询算法，可用于高效地处理大规模数据集的相似度查询问题。以下是其核心实现代码。

```
template<typename dist_t>
class HierarchicalNSW : public AlgorithmInterface<dist_t> {
public:
    size_t max_elements_{0};
```

```
    size_t maxM_{0};
    size_t maxM0_{0};
    size_t ef_construction_{0};
    size_t ef_{ 0 };
    int maxlevel_{0};
    tableint enterpoint_node_{0};
    char *data_level0_memory_{nullptr};
    char **linkLists_{nullptr};
    std::vector<int> element_levels_;
    std::unordered_map<labeltype, tableint> label_lookup_;

    void addPoint(const void* data_point, labeltype label, bool replace_deleted = false) override;
    std::priority_queue<std::pair<dist_t, labeltype>>
        searchKnn(const void* query_data, size_t k, BaseFilterFunctor* isIdAllowed = nullptr)
        const override;
};
```

HierarchicalNSW 中涉及的成员变量和成员函数较多，表 4-5 总结了 HierarchicalNSW 中重要的成员变量和成员函数。

表 4-5　HierarchicalNSW 中重要的成员变量和成员函数

名　　称	类　　别	描　　述
max_elements_	成员变量	索引的最大向量数
maxM_	成员变量	索引节点的最大近邻数
maxM0_	成员变量	第 0 层向量的最大近邻数
ef_construction_	成员变量	构建最大近邻时的最大候选邻居数
ef_	成员变量	查询 k 近邻时的最大候选邻居数
maxlevel_	成员变量	当前索引结构的最大层数
enterpoint_node_	成员变量	进入非 0 层查询时使用的入口节点编号
data_level0_memory_	成员变量	char * 类型，索引在第 0 层的内存指针，存储了实际第 0 层的所有数据
linkLists_	成员变量	char ** 类型，非 0 层节点的最近邻指针，存储其他层每个节点的最近邻向量的索引信息
element_levels_	成员变量	std::vector<int> 类型，节点所在编号到节点所在层的映射
addPoint	成员函数	通过 const void* data_point 传入向量数据，通过 labeltype label 传入节点 ID，实现了将向量写入索引的功能
searchKnn	成员函数	通过 const void* query_data 传入查询向量数据，通过 size_t k 传入最近邻的 k 个参数，BaseFilterFunctor* isIdAllowed 可额外传递一个比较函数，用于查询时的 ID 过滤

2. 内存布局

为了更容易理解 addPoint 和 searchKnn 成员函数的实现，我们需要深入分析 HierarchicalNSW 如何在内存中组织所有向量数据的存储。其中最重要的两个成员是 data_level0_memory_ 和 linkLists_。data_level0_memory_ 是一个指向内存起始地址的指针（即第 0 层所有向量数据存储的地址入口），在该指针地址上偏移某向量编号的位置，就可以获取该向量在内存中的存储位置（从而得到向量的原始数据，以及每个向量在第 0 层的最近邻向量的索引信息）。而 linkLists 则存储了所有向量在非 0 层之外的每一层的最近邻向量的索引信息。图 4-2 和图 4-3 分别是 HierarchicalNSW 在第 0 层存储向量数据的整体内存布局，以及在非 0 层存储近邻向量的内存布局。

0号向量						1号向量						······
大小 （2字节）	标记位 （1字节）	预留 （1字节）	近邻数组	向量数据	向量ID	大小 （2字节）	标记位 （1字节）	预留 （2字节）	近邻数组	向量数据	向量ID	······

图 4-2　HierarchicalNSW 在第 0 层存储向量数据的整体内存布局

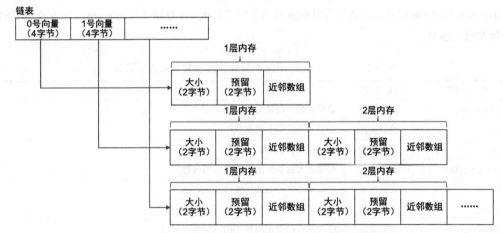

图 4-3　HierarchicalNSW 在非 0 层存储近邻向量的内存布局

　　每个向量元素有两大部分内存开销。第一部分内存开销由向量自身的原始数据以及在第 0 层空间的近邻索引信息（见图 4-2）产生。这部分内存由以下三块内存组成。

　　第一块内存存储该向量的相关元数据信息，对应图 4-2 中的

大小（size）＋标记位（flag）＋预留（reserved）＋近邻数组（neighbors）

其中：

- 大小指的是该编号的向量元素占据的内存块大小的总和。
- 标记位用于后续该向量数据的标记、删除等配置信息存储。
- 预留字段方便后续扩展使用。
- 近邻数组存储了与当前向量最近的 maxM0 个近邻向量的 ID（一个近邻向量的 ID 占用 4 字节，maxM0 可通过初始化参数设置）。

第一小块内存的整体大小为：

$$4\ 字节 + maxM0 \times 4\ 字节$$

第二块内存存储该向量的原始数据，承担了实际存储用户向量数据的作用，对应图 4-2 中的向量数据（data）块，大小为：

$$向量的维度 \times 每个维度的字节数$$

第三块内存存储该向量的 ID 标签，对应图 4-2 中的向量 ID（label）块，HNSWLib 使用 4 字节的整数来存储 ID 标签，所以向量 ID 块的大小为 4 字节。

第一部分总的内存开销应为：

$$(4\ 字节 + maxM0 \times 4\ 字节) + (向量的维度 \times 每个维度的字节数) + 4\ 字节$$

第二部分内存开销源于系统中存储的每个向量元素都需要单独的内存空间来存储非 0 层的近邻信息（见图 4-3）。

图 4-3 链表（linkLists_）中的每一个元素，分别对应编号为该位置的向量在非 0 层的所有近邻向量的信息。例如对于一个写入时被选取为第 N 层的向量成员，其编号为 0，那么链表的 0 号位置指针指向的内存位置就是这个向量需要额外申请的空间。为了便于这个向量自顶向下查询到每一层的近邻信息，这个空间需要存储从 1 到 N 每一层该向量的最近邻向量的信息。而为了存储这些信息，每一层会有 4 字节的头部描述信息，包含该邻居块的大小和预留字段。此外，需要存储 maxM 个近邻向量的 ID 数据，每个近邻向量的 ID 字段使用 4 字节的整数来存储，因此存储整层的近邻向量信息的内存大小为：4 字节 + maxM × 4 字节。假设这个向量在写入时被放置在了第 N 层，那么就需要 N × (4 字节 + maxM × 4 字节) 的内存空间。假设链表中该向量初始地址指针的内存大小为 4 字节，那么总的内存占用应为：

$$4\ 字节 + N \times (4\ 字节 + maxM \times 4\ 字节)$$

其中 maxM 可以在初始化 HNSW 索引结构时指定。

在 HNSW 算法的默认实现中，为了提升查询效果，第 0 层会存在 maxM × 2 个最近邻向量。假设我们的 M 值为 10，向量维度为 1，存储在第 4 层，维度采用单精度浮点类型（即每个维度占 4 字节），那么第一部分的内存大小为：

$$(4 + 10 \times 2 \times 4) + (1 \times 4) + 4 = 92\ 字节$$

第二部分的内存大小为：

$$4 + 4 \times (4 + 10 \times 4) = 180\ 字节$$

两部分共占用内存 92 + 180 = 272 字节。

从这个内存开销中我们可以看出，HierarchicalNSW 使用了大量内存来存储每个节点及其最近邻向量的索引信息，甚至存储最近邻信息的内存空间超过了原始向量部分。这种模式适用于管理向量规模较大且每个向量维度较高的情况，这样用于存储近邻数据的内存部分占比就会更小，相应地，内存浪费也会更少。

3. 函数实现

在理解了内存的布局之后，接下来我们通过初始化函数来学习相关的参数和内存是如何被组织起来的，我们来看一下 HierarchicalNSW 的初始化函数中的重要代码。

```
size_links_level0_ = maxM0_ * sizeof(tableint) + sizeof(linklistsizeint);
size_data_per_element_ = size_links_level0_ + data_size_ + sizeof(labeltype);
data_level0_memory_ = (char *) malloc(max_elements_ * size_data_per_element_);
linkLists_ = (char **) malloc(sizeof(void*) * max_elements_);
```

结合 HierarchicalNSW 初始化的逻辑，我们发现 HierarchicalNSW 会根据系统配置的最大可容纳向量数量初始化内存，data_level0_memory_ 指向系统存储第 0 层向量数据需要的内存，linkLists_ 指向系统存储非 0 层最近邻向量信息的内存空间。当前 HNSWLib 更注重查询效率和系统稳定性，整体采用数组方式组织整个内存空间，通过向量编号可以快速定位到向量对应的数据。然而，数组的内存组织方式也使内存回收和数据移动变得困难。因此，当前 HNSWLib 选择在系统启动时静态一次性分配主要内存，后续删除操作使用标记删除而不实际回收内存，这是一种典型的"用空间换取时间"的实践方式。

在了解了 HierarchicalNSW 类的内存初始化代码之后，我们再去理解成员函数 addPoint 和 searchKnn 就相对容易了。

addPoint 函数的简化版代码实现如下所示。

```
addPoint(const void* data_point, labeltype label) {
    // 初始化向量位置标号
    tableint cur_c = cur_element_count;
    cur_element_count++;
    label_lookup_[label] = cur_c;
    int curlevel = getRandomLevel(mult_);
    element_levels_[cur_c] = curlevel;
    tableint currObj = enterpoint_node_;
    // 初始化第 0 层内存信息
    memset(data_level0_memory_ + cur_c * size_data_per_element_ + offsetLevel0_, 0, size_data_per_element_);
    memcpy(getExternalLabeLp(cur_c), &label, sizeof(labeltype));
    memcpy(getDataByInternalId(cur_c), data_point, data_size_);
    // 初始化非 0 层内存信息
    linkLists_[cur_c] = (char *) malloc(size_links_per_element_ * curlevel + 1);
    memset(linkLists_[cur_c], 0, size_links_per_element_ * curlevel + 1);
    // 从当前入口进行遍历，选出每一层最近邻的 M 个向量，然后更新
    for (int level = std::min(curlevel, maxlevelcopy); level >= 0; level--) {
```

```
        std::priority_queue<std::pair<dist_t, tableint>, std::vector<std::pair<dist_t, tableint>>,
            CompareByFirst> top_candidates = searchBaseLayer(
                currObj, data_point, level);
        currObj = mutuallyConnectNewElement(data_point, cur_c, top_candidates, level, false);
    }
    // 通过当前层数更新最大层数
    if (curlevel > maxlevelcopy) {
        enterpoint_node_ = cur_c;
        maxlevel_ = curlevel;
    }
}
```

这段代码的作用是将新的向量数据写入 HNSW 索引数据结构中。

首先,函数为新向量数据分配唯一的位置标号,并将其与标签(实际为向量 ID)一起存储在标签查找表中。然后,根据当前层数的倍增因子随机确定新向量数据的层级,并在层级数组中记录这一信息。接着,函数初始化第 0 层的内存信息,为新向量数据分配空间并复制其标签和数据内容。对于非 0 层,函数同样分配并初始化内存空间。

接下来,函数通过遍历每一层,使用 searchBaseLayer 函数查询并获取顶层候选者,并通过 mutuallyConnectNewElement 函数将新向量元素与这些候选者相互连接。这一过程是构建 HNSW 索引数据结构的核心,它确保了向量数据之间的高效连接。

最后,如果新向量数据的层级大于当前记录的最大层数,函数会更新最大层数和入口节点,以便后续的向量数据可以在更深层次上进行写入和查询。这样的设计使得 HNSW 数据结构能够动态地适应向量数据的分布和数量,从而有效地支持大规模数据集的最近邻查询。至此,向量数据的写入功能就完成了。

接下来我们详细学习 searchKnn 函数的实现。

```
std::priority_queue<std::pair<dist_t, labeltype >> searchKnn(const void* query_data, size_t k,
    BaseFilterFunctor* isIdAllowed = nullptr) const {
    std::priority_queue<std::pair<dist_t, labeltype >> result;
    std::priority_queue<std::pair<dist_t, tableint>, std::vector<std::pair<dist_t, tableint>>,
        CompareByFirst> top_candidates;
    top_candidates = searchBaseLayerST<false, true>(
        currObj, query_data, std::max(ef_, k), isIdAllowed);
    while (top_candidates.size() > k) {
        top_candidates.pop();
    }
    while (top_candidates.size() > 0) {
        std::pair<dist_t, tableint> rez = top_candidates.top();
        result.push(std::pair<dist_t, labeltype>(rez.first, getExternalLabel(rez.second)));
        top_candidates.pop();
    }
    return result;
}
```

searchKnn 函数的核心逻辑如下。

首先,searchKnn 创建两个优先级队列,result 用于存储最终的查询结果,而 top_candidates 用于存储查询过程中的候选者。

接着,函数调用 searchBaseLayerST 函数,这是一个辅助查询函数,用于在特定的层级上通过查询 HNSW 索引数据结构来获取候选者。查询从入口向量开始,先找到最近邻的多个候选者,然后从这些候选者的邻居中查找是否有更近邻的向量,依此类推,采用贪心算法来找到最终的候选者。查询的参数包含当前入口节点 currObj 和查询向量 query_data,查询的候选者数量是 ef_ 和 k 中的较大值,这样可以确保查询到足够多的候选者。如果提供了 isIdAllowed 过滤函数,则会使用它来判断具有哪些 ID 的节点是被允许被查询的。

查询完成后,如果候选者的数量超过了需要的最近邻向量数量 k,则会移除多余的候选者。然后,函数将候选者转换为结果队列,通过 getExternalLabel 函数提取对应节点的 ID,并将其与距离一起存入 result 队列中。

最后,函数返回包含 k 个最近邻向量的结果队列。

4.1.4 实现 HNSW 索引

```
实现 HNSW 索引
├── HNSWLibIndex 类
│     └── 构造函数:dim、int num_data、MetricType 等
├── insert_vectors 和 search_vectors 函数
│     ├── insert_vectors
│     │     └── 调用 index->addPoint 进行向量写入
│     └── search_vectors
│           ├── 设置 ef_search 参数
│           ├── 调用 index->searchKnn 进行查询
│           └── 处理并返回结果
└── insertHandler 函数
      ├── 步骤 1:集成到 IndexFactory
      ├── 步骤 2:让 HttpServer 识别 HNSW 操作
      └── 步骤 3:在 vdb_server 中初始化 HNSWLibIndex
```

在学习了 HNSWLib 的核心功能之后,我们接下来基于它来构建向量数据库的 HNSW 索引写入和查询能力。

1. HNSWLibIndex 类

结合 4.1.2 节中构建的系统和相关模块,我们首先定义一个 HNSWLibIndex 类,如下所示。

```
class HNSWLibIndex {
public:
    HNSWLibIndex(int dim, int num_data, IndexFactory::MetricType metric, int M = 16,
```

```
        int ef_construction = 200); // 构造函数
    void insert_vectors(const std::vector<float>& data, uint64_t label); // 写入向量函数
    std::pair<std::vector<long>, std::vector<float>> search_vectors(const std::vector<float>& query, int k,
        int ef_search = 50); // 查询向量函数
private:
    int dim;
    hnswlib::SpaceInterface<float>* space;
    hnswlib::HierarchicalNSW<float>* index;
};
```

HNSWLibIndex 封装了 HNSW 算法的接口，提供了创建、管理和使用 HNSW 索引的功能。以下是对代码核心功能的说明。

- **构造函数**

HNSWLibIndex：创建一个 HNSWLibIndex 实例，初始化时需要指定向量数据的维度 dim、索引能够容纳的向量元素个数 num_data、距离度量类型 metric、每个节点的最大近邻数 M 以及构建索引时的优先级队列大小 ef_construction。

- **成员函数**

insert_vectors：用于向索引中写入新的向量数据。它接收一个包含向量数据的 data 参数和一个代表向量数据标签的 label 参数，并将其写入索引中。

search_vectors：用于在索引中查询与待查询向量最近邻的 *k* 个向量。它接收查询动态数组 query，query 中包含待查询的向量，同时接受需要返回的最近邻数量 k 以及查询时的优先级队列大小 ef_search 作为参数，并返回一个包含最近邻标签和对应距离的键–值对。这些结果分别以动态数组的形式存储，并作为函数的返回值返回。

- **私有成员变量**

dim：向量数据的维度。

space：指向 hnswlib::SpaceInterface<float> 类型的指针，用于计算向量数据之间距离的相似度。

index：指向 hnswlib::HierarchicalNSW<float> 类型的指针，表示 HNSW 索引本身，它负责存储向量数据和执行查询操作。

2. insert_vectors 和 search_vectors 函数

HNSWLibIndex 类的两个成员函数 insert_vectors 和 search_vectors 执行 HNSW 索引的写入和查询能力。

```
void HNSWLibIndex::insert_vectors(const std::vector<float>& data, uint64_t label) {
    index->addPoint(data.data(), label);
}
std::pair<std::vector<long>, std::vector<float>> HNSWLibIndex::search_vectors(
```

```
    const std::vector<float>& query, int k, int ef_search) { // 修改返回类型
    index->setEf(ef_search);
    auto result = index->searchKnn(query.data(), k);
    std::vector<long> indices(k);
    std::vector<float> distances(k);
    for (int j = 0; j < k; j++) {
        auto item = result.top();
        indices[j] = item.second;
        distances[j] = item.first;
        result.pop();
    }
    return {indices, distances};
}
```

这段代码是 HNSWLibIndex 类中的两个成员函数的实现，它们的核心逻辑如下。

insert_vectors 函数用于将新的向量数据写入 HNSW 索引中。它通过调用索引对象的 addPoint 函数，传入向量数据 data 和向量数据的标签 label 来完成向量数据的写入。

search_vectors 函数的目的是在 HNSW 索引中返回最近邻的 k 个向量数据。该函数的工作流程如下。

- 函数首先通过调用 HNSW 索引对象的 setEf 函数来配置查询时使用的优先级队列的大小，参数 ef_search 决定了查询的精度与性能。增大 ef_search 的值可以提高查询的召回率，即更可能找到与查询向量更近的邻居。
- 然后，函数利用索引对象的 searchKnn 函数执行最近邻的 k 个邻居查询。它接受查询向量 query 和期望返回的最近邻数目 k 作为输入参数。
- 查询操作返回的是一个排序的优先级队列，这个队列按照与查询向量的相似度大小来排序，包含了最近邻的 k 个向量信息。
- 函数随后遍历这个优先级队列，从中提取每个最近邻向量的 ID 信息和对应的距离，分别存储到动态数组 indices 和 distances 中。
- 最终，search_vectors 函数返回一个包含 k 个近邻向量的 ID 信息和距离信息的键 - 值对，作为查询操作的结果。

3. insertHandler 函数

在提供了 HNSWLibIndex 类之后，我们只需完成以下三个步骤，便可以让我们的向量数据库具备对外提供 HNSW 索引写入和查询的能力。

第一步，把 HNSWLibIndex 集成到 IndexFactory 中，在 IndexFactory 的 init 函数中增加一个 case 条件。

```
case IndexFactory::IndexType::HNSW:
    index_map[type] = new HNSWLibIndex(dim, num_data, metric, 16, 200);
    break;
```

第二步，让 HttpServer 识别 HNSW 类型的索引操作，和 HNSWLibIndex 的函数对应起来。

☐ 在 HttpServer 的 getIndexTypeFromRequest 中增加 else 条件：

```
else if (index_type_str == INDEX_TYPE_HNSW) { // 添加对HNSW的支持
    return IndexFactory::IndexType::HNSW;
}
```

☐ 在 HttpServer 的 insertHandler 中增加 case 条件：

```
case IndexFactory::IndexType::HNSW: { // 添加HNSW索引类型的处理逻辑
    HNSWLibIndex* hnswIndex = static_cast<HNSWLibIndex*>(index);
    hnswIndex->insert_vectors(data, label);
    break;
}
```

☐ 在 searchHandler 中增加 case 条件：

```
case IndexFactory::IndexType::HNSW: {
    HNSWLibIndex* hnswIndex = static_cast<HNSWLibIndex*>(index);
    results = hnswIndex->search_vectors(query, k);
    break;
}
```

第三步，在 VDBServer 的 main 函数初始化流程中通过 IndexFactory 初始化 HNSWLibIndex。

```
globalIndexFactory->init(IndexFactory::IndexType::HNSW, dim, num_data);
```

⚑ 版本迭代 v0.0.2

通过简单的三个步骤，我们的向量数据库便迅速增加了对 HNSW 索引类型的相关能力支持，我们把这个版本记为 v0.0.2。正是由于之前模块化和抽象的设计模式，需要额外编写的代码非常少。以下是相关测试命令的请求和返回示例。

```
写入类型为 HNSW 的向量数据：
请求：
curl -X POST -H "Content-Type: application/json" -d '{"vectors": [0.2], "id": 3, "indexType": "HNSW"}'
    http://localhost:8080/insert
返回：
{"retCode":0}

查询类型为 HNSW 的向量数据：
请求：
curl -X POST -H "Content-Type: application/json" -d '{"vectors": [0.5], "k": 2, "indexType": "HNSW"}'
    http://localhost:8080/search
返回：
{"vectors":[3],"distances":[0.09000000357627869],"retCode":0}
```

表 4-6 整理了为实现 v0.0.2 我们新增 / 更新的模块和引入的功能。

表 4-6　v0.0.2 新增 / 更新的模块和引入的功能

模块名称	涉及文件	描　述
HNSWLibIndex	hnswlib_index.h hnswlib_index.cpp	实现对 HNSW 索引对象的封装，隐藏了 HNSWLib 实现的细节
IndexFactory	index_factory.h index_factory.cpp	扩展向量索引工厂类，新增支持 HNSW 类型的索引
HttpServer	http_server.h http_server.cpp	扩展 /insert 和 /search 命令，接受 HNSW 类型请求的操作
VDBServer	vdb_server.cpp	扩展启动时初始化 HNSWLibIndex

4.2　实现混合数据索引

在向量数据库的实际应用场景中，除了使用向量数据进行写入外，开发者通常还会增加一些基于标量数据的查询和过滤需求。例如，在向量数据写入后，我们可以先基于标量查询条件进行查询，得到特定的向量数据，然后以该向量数据为起点，查找与之最近邻的其他向量数据。此外，我们还可以为向量数据添加标量标签，通过这些标签，我们能够在执行近邻查询时过滤掉不满足条件的数据。基于向量和标量的混合查询是向量数据库中较常见的能力需求。

4.2.1　实现标量数据索引

实现标量数据索引
├── ScalarStorage 类
│　　└── 封装了 RocksDB 数据库的操作函数
└── insert_scalar 和 get_scalar 函数
　　├── insert_scalar
　　│　　└── 接收标量数据并写入 RocksDB
　　└── get_scalar
　　　　└── 接收标量数据并从 RocksDB 查询结果

为了实现基于标量标签查询向量数据的功能，我们需要在系统中引入一种便捷的存储引擎，以便存储标量数据，并将这些标量数据索引起来。RocksDB 是一个理想的选择，因为它擅长高性能的写入和查询操作，且被广泛应用于许多关系型和非关系型数据库的存储基础设施中，已经得到了大规模行业运营的验证。

1. ScalarStorage 类

为了将标量存储引擎与我们现有的系统结合，首先我们需要定义一个名为 ScalarStorage 的类。

```
class ScalarStorage {
public:
    ScalarStorage(const std::string& db_path);
    ~ScalarStorage();
    void insert_scalar(uint64_t id, const std::vector<float>& data);
    std::vector<float> get_scalar(uint64_t id);
private:
    rocksdb::DB* db_;
};
```

ScalarStorage 封装了 RocksDB 数据库的操作函数，用于标量数据的写入和查询。以下是对该类的成员函数及其功能的说明。

- **构造函数**

接受一个字符串参数 db_path，该参数指定了 RocksDB 数据库的文件路径。构造函数将根据这个路径初始化并打开 RocksDB 数据库。

- **析构函数 ~ScalarStorage()**

在 ScalarStorage 对象销毁时被调用，负责关闭在构造函数中打开的 RocksDB 数据库，确保资源被正确释放。

- **成员函数 insert_scalar**

用于将数据存储到数据库中。它接受一个 id 参数，以及一个浮点数动态数组 data，id 是向量数据的唯一标识符，data 包含要存储的向量数据。这个函数将数据以 id 为键存储到 RocksDB 数据库中。

- **成员函数 get_scalar**

用于从数据库中查询指定 id 的对应数据。它返回一个浮点数动态数组，该动态数组包含与 id 关联的向量数据。

- **私有成员变量 db_**

一个指向 rocksdb::DB 对象的指针，代表 RocksDB 数据库实例，用于执行数据的写入和查询操作。

ScalarStorage 类的核心功能是提供一个简单的接口，用于执行 RocksDB 数据库中标量数据的写入和查询操作。它封装了与数据库交互的细节，使得开发者可以方便地使用 RocksDB 存储的数据。

2. insert_scalar 和 get_scalar 函数

ScalarStorage 对象内部通过 db_ 指向一个 rocksdb::DB 实例，对外提供 insert_scalar 和 get_scalar 两个函数，实现标量数据的写入和查询功能。

```
void ScalarStorage::insert_scalar(uint64_t id, const rapidjson::Document& data) {
    rapidjson::StringBuffer buffer;
    rapidjson::Writer<rapidjson::StringBuffer> writer(buffer);
    data.Accept(writer);
    std::string value = buffer.GetString();
    rocksdb::Status status = db_->Put(rocksdb::WriteOptions(), std::to_string(id), value);
}
rapidjson::Document ScalarStorage::get_scalar(uint64_t id) {
    rapidjson::Document
    std::string value;
    rocksdb::Status status = db_->Get(rocksdb::ReadOptions(), std::to_string(id), &value);
    rapidjson::Document data;
    data.Parse(value.c_str());
    rapidjson::StringBuffer buffer;
    rapidjson::Writer<rapidjson::StringBuffer> writer(buffer);
    data.Accept(writer);
    return data;
}
```

这段代码是 ScalarStorage 类中两个成员函数的实现。

- insert_scalar 函数用于将 JSON 格式的数据存储到 RocksDB 数据库中。它接受一个 id 参数作为数据的唯一标识符，以及一个定义为 rapidjson::Document 类型的参数 data，该参数包含要存储的标量数据。函数首先将参数 data 转换为 JSON 格式的字符串，然后使用 RocksDB 的 Put 函数将其存储到 RocksDB 数据库中。
- get_scalar 函数用于从 RocksDB 数据库中查询指定 id 的标量数据。它返回一个 rapidjson::Document 对象，该对象包含查询到的 JSON 数据。函数使用 RocksDB 的 Get 函数根据 id 从数据库中查询对应的 JSON 字符串。如果查询成功，它将使用 rapidjson::Parse 函数将 JSON 字符串解析为 rapidjson::Document 对象，并返回这个对象；如果查询失败或者数据库中没有找到对应的 id，它将返回一个空的 rapidjson::Document 对象。

通过使用 RapidJSON 库来处理 JSON 数据，函数能够灵活地处理各种复杂的数据结构，并将这些数据以一种易于理解的格式存储到 RocksDB 数据库中。

4.2.2　统一管理入口

```
统一管理入口
├── VectorDatabase 类
│   └── 构造函数
│       └── 初始化 ScalarStorage
└── upsert 和 query 函数
    ├── 统一索引入口，管理向量和标量数据
    ├── upsert 函数
    │   └── 支持扁平和 HNSW 索引类型的向量数据的写入和更新
    └── query 函数
        └── 根据 ID 查询数据
```

在本章前面的内容中，我们分别基于 FAISS 和 HNSWLib 实现了向量数据的写入和查询功能，基于 RocksDB 实现了标量数据的写入和查询功能，这两部分可以独立运行。但在实际应用中，往往需要组合向量和标量操作。

考虑以下使用场景：我们需要支持 upsert 接口，该接口允许用户同时传入向量和标量数据。假设我们通过 ID 字段来标识这条数据，我们首先需要通过 ID 字段从标量数据系统中查询该 ID 是否存在。对于该 ID 已经存在的情况，我们采用更新逻辑更新标量和向量数据；而对于该 ID 不存在的情况，则采用新写入逻辑写入标量和向量数据，在这种情况下，我们实际上需要将标量和向量两种数据组合起来协同操作。

1. VectorDatabase 类

为了满足向量数据库这一关键场景的需求，我们设计了一个名为 VectorDatabase 的组合操作类，其核心定义如下所示。

```
class VectorDatabase {
public:
    VectorDatabase(const std::string& db_path); // 构造函数
    // 写入或更新数据
    void upsert(uint64_t id, const rapidjson::Document& data, IndexFactory::IndexType index_type);
    rapidjson::Document query(uint64_t id); // 添加 query 函数接口
private:
    ScalarStorage scalar_storage_;
};
```

从类名及实现代码中可以明显看出，VectorDatabase 类是后续所有数据操作的统一入口。随着系统设计的逐步完善，我们在这一阶段引入了这个关键的类定义，以满足对"向量数据库"功能的需求。

VectorDatabase 类封装了一个标量存储对象 ScalarStorage（scalar_storage_），该对象负责存储与向量数据相关的标量标签信息。这些标签可以是任何与向量关联的元数据，如文本描述、分类标签或其他属性。向量数据本身则作为浮点数组，通过 ScalarStorage 进行存储和管理。

通过 upsert，VectorDatabase 类允许用户写入或更新向量数据及其关联的标签，而 query 则提供了根据特定 ID 查询系统中已写入数据的功能。这样的设计使得 VectorDatabase 成为一个功能全面的向量和标量综合数据管理解决方案，它不仅支持数据的写入和查询，还能够高效地处理与向量相关的各种操作。

2. upsert 和 query 函数

接下来，当我们完成 upsert 函数的编写后，你会对 VectorDatabase 这个统一对象类有更进一步的认识。以下是 upsert 函数的核心代码及相关说明。

第一步，我们先通过 get_scalar(id) 接口从标量存储中检查该 ID 对应的数据是否存在。

```
rapidjson::Document existingData;
try {
    existingData = scalar_storage_.get_scalar(id);
} catch (const std::runtime_error& e) {
    // 向量不存在，忽略这个 error，继续执行后续流程
}
```

具体说来，我们尝试从 scalar_storage_ 中获取与给定 ID 关联的向量数据和相关标签。如果数据存在，existingData 将被填充为该数据的 rapidjson::Document 表示。如果在尝试获取数据时捕获到一个 std::runtime_error 异常（例如 ID 对应的数据不存在），我们可以记录一条日志或执行其他必要的错误处理操作，然后继续进行数据的写入或更新操作。

第二步，对于已经存在的 ID，我们使用全局索引工厂获取指定类型的索引对象，并通过向量索引引擎将已有的 ID 删除。请注意，我们在这里新实现了 remove_vectors 接口。这个接口本身并不复杂，它基于 FAISS 和 HNSWLib 的现有功能进行了简单封装。调用删除接口的核心代码如下所示。

```
void* index = getGlobalIndexFactory()->getIndex(index_type);
// 根据索引类型进行不同的操作
switch (index_type) {
    case IndexFactory::IndexType::FLAT: {
        // 如果索引类型为扁平，将索引指针转换为 FaissIndex 类型的指针
        FaissIndex* faiss_index = static_cast<FaissIndex*>(index);
        // 调用 FaissIndex 的 remove_vectors 函数，从索引中删除指定 ID 的数据
        faiss_index->remove_vectors({static_cast<long>(id)});
        break;
    }
    case IndexFactory::IndexType::HNSW: {
        // 如果索引类型为 HNSW，将索引指针转换为 HNSWLibIndex 类型的指针
        HNSWLibIndex* hnsw_index = static_cast<HNSWLibIndex*>(index);
        hnsw_index->remove_vectors({id});
        break;
    }
}
```

第三步，我们将新数据写入向量和标量存储系统中，核心代码如下所示。

```
void* index = getGlobalIndexFactory()->getIndex(index_type);
switch (index_type) {
    case IndexFactory::IndexType::FLAT: {
        FaissIndex* faiss_index = static_cast<FaissIndex*>(index);
        // 如果索引类型为扁平，则将索引对象转换为 FaissIndex 对象，并调用写入向量的函数
        faiss_index->insert_vectors(newVector, id);
        break;
    }
    case IndexFactory::IndexType::HNSW: {
        HNSWLibIndex* hnsw_index = static_cast<HNSWLibIndex*>(index);
        // 如果索引类型为 HNSW，则将索引对象转换为 HNSWLibIndex 对象，并调用写入向量的函数
        hnsw_index->insert_vectors(newVector, id);
        break;
    }
```

```
    default:
        break;
}
scalar_storage_.insert_scalar(id, data); // 将标量数据写入标量存储中
```

这段代码根据索引类型执行不同的操作。首先，从全局索引工厂获取指定类型的索引对象；然后，根据索引类型分别调用写入向量的函数；最后，将标量数据写入标量存储中。

通过以上步骤，我们可以发现，尽管向量数据库对外称"向量数据库"，但实际上它需要结合标量存储和向量存储两套系统才能提供适用于向量数据库场景的复杂功能。

除了 upsert 函数之外，我们还在 VectorDatabase 上提供了一个更方便的查询函数 query。query 的实现代码比较简单，它通过 ID 快速从本地的 RocksDB 中返回该 ID 对应的标量数据，这里就不再详细展示具体代码了。

在实现了 upsert 和 query 函数之后，我们来看看简单的使用示例，如下所示。

```
请求:
curl -X POST -H "Content-Type: application/json" -d '{"vectors": [0.555555], "id": 3, "indexType":
    "FLAT", "Name": "hello", "Ci":1111}' http://localhost:8080/upsert
返回:
{"retCode":0}

请求:
curl -X POST -H "Content-Type: application/json" -d '{"id": 3}' http://localhost:8080/query
返回:
{"vectors":[0.555555],"id":3,"indexType":"FLAT","Name":"hello","Ci":1111,"retCode":0}
```

第一段请求发送了一个包含向量、ID、索引类型、名称和 Ci 字段的数据，并指定了请求的路由为 /upsert。这段请求的目的是将具有特定 ID 的向量数据写入类型为 FLAT 的索引中，同时附带了名称为 hello、Ci 字段值为 1111 的额外信息。向量数据库对请求进行处理后，返回了一个 JSON 格式的响应，其中 retCode 字段值为 0，表示请求成功。

第二段请求发送了一个包含 ID 字段的数据，并指定了请求的路由为 /query。这段请求的目的是查询具有特定 ID 的向量数据。向量数据库接收到请求后，返回了与该 ID 相关的向量数据，并将索引类型、名称和 Ci 字段等附加信息一并返回。同样，retCode 字段值为 0，表示请求成功。

通过对 VectorDatabase 的接口封装，我们的系统能够以更贴近开发者实际使用场景的方式呈现，从而使整个系统的易用性再次向前迈进了一步。

▶ 版本升级 v0.1

至此，我们的向量数据库升级到了 v0.1，该版本是我们从 0 到 1 打造向量数据库的重要里程碑版本——在向量存储的基础上引入了标量存储系统，定义了关键组件 VectorDabase 类。

表 4-7 展示了 v0.1 新增 / 更新的模块和引入的功能。

表 4-7 v0.1 新增 / 更新的模块和引入的功能

模块名称	涉及文件	描　　述
ScalarStorage	scalar_storage.h scalar_storage.cpp	实现对 RocksDB 的封装，提供对标量数据存储的支持
VectorDatabase	vector_database.h vector_database.cpp	组合了向量数据和标量数据的操作能力，向量数据库的相关接口后续都由这个类对象提供
HttpServer	http_server.h http_server.cpp	扩展 /upsert 和 /query，接受组合向量和标量的覆盖写请求的操作，支持查询向量数据和标量标签数据

4.2.3　实现过滤索引

```
实现过滤索引
├── 带过滤表达式的查询方案
│    ├── 使用 cURL 命令将数据写入向量数据库
│    ├── 通过带过滤表达式的命令进行混合查询
│    └── 存储结构优化
│         ├── 组合相同字段值的文档，减少存储冗余
│         └── 使用 RoaringBitmap 提高空间利用效率
├── 过滤索引写入和查询函数
│    ├── addIntFieldFilter：创建位图并添加 ID
│    ├── updateIntFieldFilter：更新位图中的 ID
│    └── getIntFieldFilterBitmap：根据操作获取位图
└── 结合过滤条件查询
     ├── 继承自 faiss::IDSelector
     ├── 实现 is_member 函数，判断 ID 是否存在
     └── 用于 FAISS 库的 search 函数中的 ID 过滤
```

在向量数据库的应用场景中，除了我们之前已经实现的 /upsert 和 /query 两个关键命令之外，用户更多的时候会结合标量数据和向量数据进行混合查询，也就是基于标量数据进行一次过滤，然后在过滤后的数据集范围内进行向量查询。接下来，让我们基于之前的系统来逐步完成这个关键能力。

1. 带过滤表达式的查询方案

首先，让我们简要回顾一下这个功能。我们使用以下命令在向量数据库中写入了一行数据。

```
请求：
curl -X POST -H "Content-Type: application/json" -d '{"id": 1, "vectors": [0.1], "int_field": 42,
    "indexType": "FLAT"}' http://localhost:8080/upsert
```

数据写入之后，我们尝试使用带过滤表达式的请求进行一次标量和向量混合查询。

```
请求：
curl -X POST -H "Content-Type: application/json" -d '{"vectors": [0.9], "k": 5, "indexType": "FLAT",
    "filter":{"fieldName":"int_field","value":43, "op":"="}}' http://localhost:8080/search
```

通过这个过滤条件进行查询时，我们只能从 int_field 等于 43 的向量集合中匹配前 5 个最近邻向量。尽管其他向量和我们的查询向量相似度更高，但它们也会被过滤掉。

为了支持按照指定的过滤条件进行 ID 筛选，我们的系统需要为这些过滤条件构建一个索引数据。索引的键就是可能被筛选的文档的字段名称，例如这里的 int_field，而值需要包含这个文档的 ID 和文档中这个字段的值，例如这里的 1 和 42。一个简单直接的方案是，我们可以通过映射（map）数据结构来存储它们的映射关系。

```
std::map<std::string, std::vector<std::pair<std::int, int>>>
```

当我们需要执行过滤条件匹配时，我们通过键获取动态数组，然后对动态数组逐一进行比较，找到满足条件的 ID 集合，从而继续后续的流程。

然而，我们仔细分析这个动态数组，会发现有以下几个问题。

第一，动态数组中多个 ID 对应的不同文档，其过滤字段的值可能一致，毕竟不同文档的同名字段有一定的概率被设置为同一个值，也就是不同的 ID 的标签数据可能是一样的。这会导致存储效率和对标签数据的匹配效率很低。

第二，我们存储 ID 字段的效率不高，每个整型会占据 4 字节。这里可以通过位图（bitmap）数据结构进行更高效的存储。位图是一种用于高效管理数据存在状态的数据结构，它通过单个位（bit）来表示某个特定 ID 是否存在于数据集中。例如，如果我们使用位图来跟踪哪些 ID 是有效的，那么位图中的每一位都对应一个唯一的 ID。如果位图中的第 2 位（从 1 起始）被设置为 1，这表示 ID 为 1 的数据存在于数据集中；如果该位为 0，则表示 ID 为 1 的数据不在数据集中。通过这种方式，位图能够以非常紧凑的形式存储大量 ID 的信息。

结合这两个问题，我们可以把一个集合中过滤字段具有相同值的不同文档组合到一起，把它们作为一个整体来进行匹配和后续管理。这些组合到一起的文档会对应一个位图，位图存储了组合到一起的所有文档 ID 的集合，通过这样的方式就能巧妙地优化之前的两个问题。于是得到了以下存储结构。

```
std::map<std::string, std::map<long, roaring_bitmap_t*>>
```

这个结构的键仍然是这一行文档需要过滤的字段名称，而值存储了一个映射对象，其子映射对象的键就是组合到一起的不同文档对应的过滤字段的实际值，通过这个值，我们可以再次索引到值对应的位图。图 4-4 是基于映射和位图的存储结构示意图。

图 4-4 中的具体数据是基于前面的测试命令得来的。其中，键是 int_field，而子映射对象的键是 42，子映射对象的值是一个位图，该位图从左到右每一位代表一个 ID，最左侧的位置代表 ID 为 0，每往右一位 ID 增加 1，以此类推。图中第 2 位被设置为 1，代表 ID 为 1 的文档对应的 int_field 的值为 42。在这里，我们使用了空间利用效率较高的 RoaringBitmap 来存储位图信息。

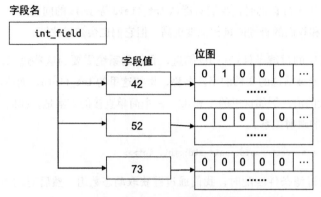

图 4-4 基于映射和位图的存储结构示意图

由于将过滤条件的值作为子映射对象的键，我们可以非常方便地利用映射数据结构的大于、小于等操作命令快速返回过滤条件中的目标值对应的所有位图。之后，合并这些位图，就可以迅速返回满足条件的 ID 集合了。

2. 过滤索引写入和查询函数

在定义好核心数据存储格式之后，我们引入一个新的索引对象 FilterIndex，我们称之为过滤索引，它的核心定义如下所示。

```
class FilterIndex {
public:
    FilterIndex();
    // 添加整数字段过滤条件，并关联对应的 ID
    void addIntFieldFilter(const std::string& fieldname, int64_t value, uint64_t id);
    void updateIntFieldFilter(const std::string& fieldname, int64_t old_value, int64_t new_value,
        uint64_t id); // 更新整数字段过滤条件，将旧值替换为新值，并更新关联的 ID
    void getIntFieldFilterBitmap(const std::string& fieldname, Operation op, int64_t value, roaring_bitmap_t*
        result_bitmap); // 获取整数字段过滤条件对应的位图，用于存储匹配的 ID
private:
    // 整数字段过滤条件的存储结构，按字段名称和值索引对应的位图
    std::map<std::string, std::map<long, roaring_bitmap_t*>> intFieldFilter;
};
```

FilterIndex 类提供了写入、更新和查询整数字段过滤条件的功能。过滤条件允许根据特定字段的整数值来筛选数据。内部使用 std::map 来存储字段名称与过滤条件之间的映射关系，以及整数值与位图（roaring_bitmap_t）之间的映射关系。

新的过滤索引对象将承担我们系统内所有过滤条件的存储功能。在当前版本中，我们对值进行了简化，仅支持存储 int 类型字段的索引。其他类型可以根据需求进行扩展。

以下是 addIntFieldFilter 的代码实现。

```cpp
void FilterIndex::addIntFieldFilter(const std::string& fieldname, int64_t value, uint64_t id) {
    // 创建一个新的位图对象，用于存储满足过滤条件的 ID 集合
    roaring_bitmap_t* bitmap = roaring_bitmap_create();
    roaring_bitmap_add(bitmap, id); // 将指定的 ID 写入位图中，表示该 ID 满足过滤条件
    // 将位图对象与字段名称和整数值关联起来，存储在 intFieldFilter 映射中
    intFieldFilter[fieldname][value] = bitmap;
}
```

这段代码实现了 FilterIndex 类中的 addIntFieldFilter 函数，它负责创建一个新的位图，添加一个 ID，并将其与特定的字段名称和整数值关联起来，以便后续的过滤操作。

updateIntFieldFilter 是更新相关数据的函数，其实现方式和 addIntFieldFilter 的逻辑类似，这里不再重复展示。

我们来看匹配部分。这一部分由 FilterIndex 类的成员函数 getIntFieldFilterBitmap 完成，用来获取满足特定过滤条件的整数字段的位图表示，其代码实现如下。

```cpp
void FilterIndex::getIntFieldFilterBitmap(const std::string& fieldname, Operation op, int64_t value,
    roaring_bitmap_t* result_bitmap) {
    auto it = intFieldFilter.find(fieldname);
    if (it != intFieldFilter.end()) {
        auto& value_map = it->second; // 获取与字段名关联的值到位图的映射
        if (op == Operation::EQUAL) { // 如果是等于，则查找特定值的位图
            auto bitmap_it = value_map.find(value);
            if (bitmap_it != value_map.end()) {
                // 将找到的位图与已有的 result_bitmap 进行按位或操作，合并结果
                roaring_bitmap_or_inplace(result_bitmap, bitmap_it->second);
            }
        } else if (op == Operation::NOT_EQUAL) { // 如果是不等于，则查找所有不等于给定值的位图
            for (const auto& entry : value_map) {
                if (entry.first != value) {
                    // 将当前值的位图与 result_bitmap 进行按位或操作，合并结果
                    roaring_bitmap_or_inplace(result_bitmap, entry.second);
                }
            }
        }
    }
}
```

从 getIntFieldFilterBitmap 函数的实现我们看到，当前只支持等于和不等于条件的匹配：对于等于的情况，找到 value 对应的位图返回即可；对于不等于的情况，过滤掉 value 对应的位图之后，合并其他的位图返回即可。

对比最开始逐个遍历来实现过滤的方式和基于位图的实现方式，我们会明显感觉基于位图的实现方式简单很多。此处有个经验分享给你：如果代码编写的过程让你觉得非常复杂和困惑，那么我建议你不要"着急赶路"，而是花一些时间做一些整理和思考——设计良好的算法和软件架构会大大简化程序员的编码工作。想清楚再动手，通常会让你的工作事半功倍。

3. 结合过滤条件查询

不过，这里获得的位图要如何和我们之前设计的向量查询功能 FaissIndex 和 HNSWLibIndex 结合呢？回到我们之前一直没有详细介绍的向量查询过程中的过滤函数。

FAISS 库的 search 函数支持通过调用参数的方式传入一个 IDSelector 类型的结构体指针，这个结构体指针会在查询过程中判断当前 ID 是否符合过滤条件，通过这个参数我们可以指定查询过程中的过滤函数。这里我们结合 RoaringBitmap 做了适合我们系统的实现。

```cpp
struct RoaringBitmapIDSelector : faiss::IDSelector {
    // 构造函数，接受一个指向 RoaringBitmap 的指针，并初始化成员变量 bitmap_
    RoaringBitmapIDSelector(const roaring_bitmap_t* bitmap) : bitmap_(bitmap) {}
    // 重载 IDSelector 接口中的 is_member 函数，用于判断指定的 ID 是否存在于位图中
    bool is_member(int64_t id) const final {
        return roaring_bitmap_contains(bitmap_, static_cast<uint32_t>(id));
    }
    // 析构函数，用于释放资源（尽管这里没有分配新的资源，但保持接口一致）
    ~RoaringBitmapIDSelector() override {}
    const roaring_bitmap_t* bitmap_; // 成员变量，存储指向 RoaringBitmap 的指针
};
```

结构体的对象 RoaringBitmapIDSelector 可以在查询时通过接受满足条件的位图来完成初始化，查询过程中会不停地调用 is_member 函数来判断当前被匹配的 ID 是否存在于位图中。HNSWLib 中的实现方式几乎一致，这里不再详细介绍。

在实现了过滤索引并且扩展了过滤函数之后，我们需要在 indexFactory 中扩展一个过滤索引的枚举类型，将我们的过滤索引也作为索引工厂的一个类别管理起来，后续系统就可以通过全局工厂来使用过滤索引。这个改动只需要在 indexFactory 的 init 函数中增加以下 case 条件即可。

```cpp
case IndexFactory::IndexType::FILTER:
    index_map[type] = new FilterIndex();
    break;
```

最后，我们把以上函数实现组合在一起，通过 VectorDatabase 对象重新实现 /search 接口。以下是 /search 接口的核心实现代码。

```cpp
std::pair<std::vector<long>, std::vector<float>> VectorDatabase::search(
    const rapidjson::Document& json_request) {
    // 从 JSON 请求中获取查询参数的代码略
    ...
    // 检查请求中是否包含 filter 参数
    roaring_bitmap_t* filter_bitmap = nullptr;
    if (json_request.HasMember("filter") && json_request["filter"].IsObject()) {
        const auto& filter = json_request["filter"];
        std::string fieldName = filter["fieldName"].GetString();
        std::string op_str = filter["op"].GetString();
        int64_t value = filter["value"].GetInt64();
```

```
        FilterIndex::Operation op = (op_str == "=") ? FilterIndex::Operation::EQUAL :
            FilterIndex::Operation::NOT_EQUAL;
        // 通过 getGlobalIndexFactory 的 getIndex 函数获取 FilterIndex
        FilterIndex* filter_index = static_cast<FilterIndex*>(getGlobalIndexFactory()->
            getIndex(IndexFactory::IndexType::FILTER));
        // 调用 FilterIndex 的 getIntFieldFilterBitmap 函数
        filter_bitmap = roaring_bitmap_create();
        filter_index->getIntFieldFilterBitmap(fieldName, op, value, filter_bitmap);
    }
    void* index = getGlobalIndexFactory()->getIndex(indexType);
    std::pair<std::vector<long>, std::vector<float>> results;
    switch (indexType) {
        case IndexFactory::IndexType::FLAT: {
            FaissIndex* faissIndex = static_cast<FaissIndex*>(index);
            // 将 filter_bitmap 传递给 search_vectors 函数
            results = faissIndex->search_vectors(query, k, filter_bitmap);
            break;
        }
        case IndexFactory::IndexType::HNSW: {
            HNSWLibIndex* hnswIndex = static_cast<HNSWLibIndex*>(index);
            // 将 filter_bitmap 传递给 search_vectors 函数
            results = hnswIndex->search_vectors(query, k, filter_bitmap);
            break;
        }
        default:
            break;
    }
    if (filter_bitmap != nullptr) {
        delete filter_bitmap;
    }
    return results;
}
```

在这个新的 /search 接口中，我们要实现过滤条件参数的获取，完成带过滤条件的向量索引查询，之后返回结果。以下是该函数的主要执行逻辑说明。

- **过滤条件处理**

如果请求中包含 filter 参数，函数将创建一个 filter_bitmap，该位图用于存储满足过滤条件的文档 ID。它通过过滤索引获取与字段名、操作符和值匹配的位图。

- **索引对象获取**

函数通过 IndexFactory 获取与请求索引类型相对应的索引对象。

- **查询执行**

根据索引类型，函数将执行不同的查询逻辑。如果是扁平索引，将转换索引对象为 FaissIndex 类型，并调用其 search_vectors 函数进行查询；如果是 HNSW 索引，将转换索引对象为 HNSWLibIndex 类型，并调用其 search_vectors 函数进行查询。

● 查询结果

查询结果将被存储在 results 变量中，这是一个包含最近邻的 ID 和距离的 pair。

在 VectorDatabase 中实现了 /search 接口之后，我们可以通过带过滤参数的命令进行测试来验证效果，以下是一组测试命令的请求和返回示例。

```
请求：
curl -X POST -H "Content-Type: application/json" -d '{"id": 6, "vectors": [0.9], "int_field": 47,
    "indexType": "FLAT"}' http://localhost:8080/upsert
返回：
{"retCode":0}

请求：
curl -X POST -H "Content-Type: application/json" -d '{"vectors": [0.9], "k": 5, "indexType": "FLAT",
    "filter":{"fieldName":"int_field","value":47,"op":"="}}' http://localhost:8080/search
返回：
{"vectors":[6],"distances":[0.0],"retCode":0}

请求：
curl -X POST -H "Content-Type: application/json" -d '{"vectors": [0.9], "k": 5, "indexType": "FLAT",
    "filter":{"fieldName":"int_field","value":47, "op":"!="}}' http://localhost:8080/search
返回：
{"retCode":0}
```

通过以上请求和返回示例可以发现，只有满足过滤条件的最近邻向量才会被查询出来，这种混合查询场景在向量数据库的实际应用中非常普遍，而基于位图的实现方式是一种兼顾时间和空间效率的解决方案。这个版本我们记为 v0.1.1。

▶ 版本迭代 v0.1.1

表 4-8 是实现了标量和向量混合查询后，v0.1.1 新增 / 更新的模块和引入的功能。

表 4-8　v0.1.1 新增 / 更新的模块和引入的功能

模块名称	涉及文件	描　　述
FilterIndex	filter_index.h filter_index.cpp	通过标量倒排索引，存储具有共同字段值的不同文档对应的所有 ID 的位图
VectorDatabase	vector_database.h vector_database.cpp	基于过滤索引重新实现了带过滤表达式的 /search 接口
FaissIndex	faiss_index.h faiss_index.cpp	实现了 RoaringBitmapIDSelector，可以基于位图过滤向量查询过程中的合法 ID
HNSWLibIndex	hnswlib_index.h hnswlib_index.cpp	实现了 RoaringBitmapIDFilter，可以基于位图过滤向量查询过程中的合法 ID

4.3　实现系统异常恢复

系统演进到这里，我们已经初步支持了向量数据库主干场景的读写功能，从系统外部视角来看，它已经可以初步工作了。不过对于这个系统的设计者我们而言，有一项更重要的工作还未完成。毕竟数据库是一个数据存储系统，我们应该保证用户写入我们系统的数据不丢失。当前系统有两大部分数据：一部分是索引数据，另一部分是标量数据。索引数据由向量索引和过滤索引组成，目前，这部分数据只存储在内存中，在系统重启后会丢失；标量数据包括实际的向量浮点数组和相关的标签信息，通过 RocksDB 的持久化机制存储在硬盘上（调用 RocksDB 的接口写入时，会自动存储），因此在系统重启后可以恢复。

对于索引数据，我们需要开发一种机制来确保这部分数据在系统重启后不会丢失，也就是需要重点提升这部分数据的持久化能力。

4.3.1　数据日志持久化

```
数据日志持久化
├─ Persistence 类
│  ├─ 构造函数和析构函数
│  └─ init 函数：初始化预写日志文件
├─ writeWALLog 函数
│  └─ 实现日志写入
├─ readNextWALLog 函数
│  └─ 实现日志读取
└─ reloadDatabase 函数
   ├─ VectorDatabase 使用 Persistence 实现持久化
   ├─ HttpServer 在接收命令时记录预写日志
   └─ 系统重启时调用 reloadDatabase 进行数据恢复
```

系统收到用户的写请求，为了保证数据的持久化，比较直观的一个方法是，在向用户返回数据更新成功的响应之前，我们可以先将这次更新操作的记录写入持久化存储介质中，形成一条请求日志。这里的存储介质可以是本地硬盘或云存储。在系统重启时，我们再逐条把这些日志信息模拟为用户的请求进行一次请求重放，我们的系统就可以恢复到系统退出时的状态了。这种日志机制就是数据库系统最常用的预写日志（write-ahead logging，WAL）机制。

1. Persistence 类

我们引入一个 Persistence 类，它将通过预写日志机制实现系统的持久化功能，我们将这个功能组成的子系统称为持久化系统。

Persistence 的核心定义如下所示。

```
class Persistence {
public:
    Persistence() : increaseID_(0) { // 构造函数，初始化自增 ID 为 0 }
    ~Persistence() { // 析构函数 }
    void init(const std::string& local_path); // 初始化持久化系统，local_path 参数指定预写日志文件的存储路径
    uint64_t increaseID(); // 增加一个新的 ID，并返回增加后的值
    uint64_t getID() const; // 获取当前的 ID 值
    void writeWALLog(const std::string& operation_type, const rapidjson::Document& json_data,
        const std::string& version); // 将一条操作日志写入预写日志文件，记录操作类型、JSON 文档和版本信息
    // 读取下一条预写日志，记录操作类型、JSON 文档
    void readNextWALLog(std::string* operation_type, rapidjson::Document* json_data);
private:
    uint64_t increaseID_; // 用于生成唯一 ID 的自增变量
    std::fstream wal_log_file_; // 用于记录操作日志的文件流
};
```

Persistence 中最重要的成员变量是 increaseID_ 和 wal_log_file_。increaseID_ 是当前持久化系统使用的最新日志 ID 值，它以自增的方式保证 ID 具有唯一性和有序性，在系统启动的时候会按照记录日志的先后顺序进行回放。而 wal_log_file_ 则是持久化系统中用来读写文件的句柄，通过该句柄我们可以将日志写入日志文件中，最终实现数据的持久化。

2. writeWALLog 函数

接下来，我们重点看一看 writeWALLog 函数的实现，writeWALLog 函数是持久化系统的核心实现函数之一，它确保了所有变更首先被记录在日志文件中。

```
void Persistence::writeWALLog(const std::string& operation_type, const rapidjson::Document& json_data,
    const std::string& version) { // 添加 version 参数
    uint64_t log_id = increaseID();
    rapidjson::StringBuffer buffer;
    rapidjson::Writer<rapidjson::StringBuffer> writer(buffer);
    json_data.Accept(writer);
    wal_log_file_ << log_id << "|" << version << "|" << operation_type << "|" << buffer.GetString() <<
        std::endl; // 将 version 添加到日志格式中
    if (wal_log_file_.fail()) { // 检查是否发生错误
        GlobalLogger->error("An error occurred while writing the WAL log entry. Reason: {}",
            std::strerror(errno)); // 使用日志打印错误消息和原因
    } else {
        GlobalLogger->debug("Wrote WAL log entry: log_id={}, version={}, operation_type={},
            json_data_str={}", log_id, version, operation_type, buffer.GetString()); // 打印日志
        wal_log_file_.flush(); // 强制持久化
    }
}
```

这段代码实现了写入预写日志的功能。writeWALLog 函数接受三个参数：operation_type（表示操作类型），json_data（表示要记录的 JSON 数据），version（表示日志版本）。在函数内部，首先调用 increaseID 函数获取一个唯一的日志 ID，然后将 JSON 对象数据转换为字符串格式并写入日志文件。

如果写入过程中发生错误，则记录错误消息；否则，记录写入成功的日志并强制将数据持久化到硬盘中。

从这里的实现我们可以看到，持久化系统最重要的目标是准确无误地将用户写入的数据保存下来，并且在系统重启时恢复。为了支持这个目标，我们需要设计好用户写入数据时的预写日志格式——采用固定的格式写入，采用相同的格式在重启时读出，从而实现数据的持久化和恢复。目前预写日志格式主要包含表4-9所示四个字段。

表4-9 预写日志格式的四个字段

字段名称	描 述
log_id	log_id 在每次写入时自增，保证了预写日志的唯一性和有序性
version	指定日志的版本号，以便将来对日志格式进行变更时能够做到向后兼容
operation_type	用户实际的操作类型，例如 upsert
Buffer.GetString()	用户请求数据时完整的 JSON 字符串

为了确保系统在读写过程中能够快速地恢复，预写日志格式的字段应该尽量精简。此外，可以考虑采用压缩存储方式以节省空间。常规的压缩方式通常能够很好地发挥作用，这里不再介绍。

3. readNextWALLog 函数

readNextWALLog 函数就是重启时的读出函数，其代码实现如下所示。

```
void Persistence::readNextWALLog(std::string* operation_type, rapidjson::Document* json_data) {
    GlobalLogger->debug("Reading next WAL log entry"); // 记录调试信息，表示开始读取预写日志
    std::string line; // 读取日志文件的下一行
    if (std::getline(wal_log_file_, line)) {
        // 使用字符串流解析日志行
        std::istringstream iss(line);
        std::string log_id_str, version, json_data_str;
        // 按 '|' 分割字符串，逐个读取日志字段
        std::getline(iss, log_id_str, '|');
        std::getline(iss, version, '|');
        std::getline(iss, *operation_type, '|'); // 使用指针参数返回操作类型
        std::getline(iss, json_data_str, '|');
        uint64_t log_id = std::stoull(log_id_str); // 将日志 ID 字符串转换为 uint64_t 类型
        // 如果日志 ID 大于当前的 increaseID_，则更新 increaseID_
        if (log_id > increaseID_) {
            increaseID_ = log_id;
        }
        json_data->Parse(json_data_str.c_str()); // 使用指针参数返回 JSON 数据
        GlobalLogger->debug("Read WAL log entry: log_id={}, operation_type={}, json_data_str={}",
            log_id_str, *operation_type, json_data_str); // 记录调试信息，显示已读取的预写日志条目内容
    } else {
        wal_log_file_.clear(); // 如果到达文件末尾，重置文件结束标志
        // 记录调试信息，表示没有更多的预写日志条目可读
        GlobalLogger->debug("No more WAL log entries to read");
    }
}
```

readNextWALLog 函数的作用是从日志文件中读取下一条日志数据。它使用 std::getline 从文件中读取一行，然后使用 std::istringstream 按 '|' 分割符解析这一行。将解析出的操作类型和 JSON 数据通过指针参数返回给调用者。在此过程中，需要注意的是，一旦读取 log_id 成功，我们会将系统的 increaseID_ 更新为已写入日志 ID 中的最大值。此外，当读取到最后一行数据后，我们会调用 wal_log_file_.clear() 函数来重置文件结束标志，确保后续的日志能够正常写入日志文件，保持数据的持久化和一致性。

4. reloadDatabase 函数

在实现了 Persistence 类之后，我们需要把它集成到已有系统中。VectorDatabase 是操作向量数据库的统一入口对象，我们需要扩展这个类来支持系统的持久化能力。以下是为了支持持久化在 VectorDatabase 中新增的成员变量和函数声明。

```
class VectorDatabase {
public:
    void reloadDatabase(); // 添加 reloadDatabase 成员函数的声明
    // 添加 writeWALLog 成员函数的声明
    void writeWALLog(const std::string& operation_type, const rapidjson::Document& json_data);
private:
    Persistence persistence_; // 添加 Persistence 对象
};
```

writeWALLog 和 reloadDatabase 基于 persistence_ 对象完成了相关日志数据的写入和读出，具体的代码实现如下。

```
void VectorDatabase::writeWALLog(const std::string& operation_type, const rapidjson::Document& json_data) {
    std::string version = "1.0"; // 可以根据需要设置版本号
    persistence_.writeWALLog(operation_type, json_data, version); // 将 version 传递给 writeWALLog 函数
}
```

可以看到，writeWALLog 定义了默认的系统日志版本号，然后调用 persistence_ 对象完成日志的写入即可。

```
void VectorDatabase::reloadDatabase() {
    GlobalLogger->info("Entering VectorDatabase::reloadDatabase()");
    std::string operation_type;
    rapidjson::Document json_data;
    persistence_.readNextWALLog(&operation_type, &json_data);
    readNextWALLog
    while (!operation_type.empty()) {
        GlobalLogger->info("Operation Type: {}", operation_type);
        // 打印读取的一行内容
        rapidjson::StringBuffer buffer;
        rapidjson::Writer<rapidjson::StringBuffer> writer(buffer);
        json_data.Accept(writer);
        GlobalLogger->info("Read Line: {}", buffer.GetString());
```

```
        if (operation_type == "upsert") {
            uint64_t id = json_data[REQUEST_ID].GetUint64();
            IndexFactory::IndexType index_type = getIndexTypeFromRequest(json_data);
            // 调用 VectorDatabase::upsert 接口重建数据
            upsert(id, json_data, index_type);
        }
        rapidjson::Document().Swap(json_data); // 清空 json_data
        operation_type.clear(); // 读取下一条预写日志
        persistence_.readNextWALLog(&operation_type, &json_data);
    }
}
```

reloadDatabase 函数通过循环调用 persistence_ 对象的 readNextWALLog 函数来逐行读取日志文件，并根据日志中记录的操作类型执行相应的数据恢复操作。目前，系统仅支持 upsert 类型的操作，当识别到 upsert 操作时，会使用 VectorDatabase::upsert 函数来根据日志重建用户数据。这个函数实际上也是系统接收并处理用户数据更新请求时使用的函数。通过这种统一的函数，我们可以确保数据恢复到用户最初写入的状态，从而保证恢复后的数据与系统退出时的状态一致。每次读取日志后，系统都会清空 json_data 对象以准备接收下一条日志中的数据，直到没有更多的日志数据可读。

最后，我们在 HttpServer 接受用户更新命令时使用 VectorDatabase 的 writeWALLog 记录一条日志，在系统重启时，调用 VectorDatabase 的 reloadDatabase 重新读出日志即可。我们把这个小版本记为 v0.1.2。

▶ 版本迭代 v0.1.2

表 4-10 列出了为支持系统的持久化，v0.1.2 新增 / 更新的模块和引入的功能。

表 4-10　v0.1.2 新增 / 更新的模块和引入的功能

模块名称	涉及文件	描　　述
Persistence	persistence.h persistence.cpp	实现了预写日志机制，获得了数据变更持久化和恢复能力
VectorDatabase	vector_database.h vector_database.cpp	包装了 Persistence 的能力，在系统的关键路径上进行数据的持久化和系统恢复

实现到这里，你可能会发现，随着我们的日志文件中的数据越来越多，系统从初始状态恢复数据要花费的时间也会越来越多，当系统运行了很长时间之后，系统恢复数据的时间将不可接受。于是，我们继续优化。

4.3.2   数据快照持久化

```
数据快照持久化
├── 索引数据快照
│    ├── FaissIndex、HNSWLibIndex 和 FilterIndex 的实现
│    └── IndexFactory 快照支持
├── 扩展持久化能力
│    ├── takeSnapshot 和 loadSnapshot 函数
│    └── 通过 HttpServer 提供快照接口 /admin/snapshot
└── 系统恢复流程
     ├── 使用 Persistence::loadSnapshot 加载快照数据
     ├── 基于预写日志重放增量数据
     └── 保证数据一致性
```

快照（snapshot）技术可以将数据通过技术手段定格在某个时刻，然后将定格的数据转存起来。这就像我们照相一样，数据也可以通过快照技术被"拍照"。设想一下，如果我们定期对数据创建快照，并以此作为恢复的基线，在基线数据的基础上记录后续增加的预写日志，那么我们的预写日志数量就是可控的，系统的恢复时间就不会无限增长。快照和预写日志是数据库持久化技术中的好搭档，共同提升了数据库持久化系统的整体效率和性能。

1. 索引数据快照

接下来，我们逐步分析并设计索引数据的快照技术方案。目前我们系统中需要持久化的索引数据分为扁平索引、HNSW 索引和过滤索引三种类型。扁平索引底层依赖的 FAISS 库本身提供的 faiss::write_index 和 faiss::read_index 两个函数，通过它们我们可以快速完成扁平索引类型的快照。类似地，HNSW 索引底层依赖的 HNSWLib 库也提供了两个函数——hnswlib::saveIndex 和 hnswlib::loadIndex，通过它们我们也可以快速完成 HNSW 索引类型的快照。

接下来我们重点看一下如何实现让过滤索引类型支持快照能力。

过滤索引是一个内存中组合了映射和位图的数据结构，要实现它的快照，就需要先实现它的序列化和反序列化函数。序列化使数据从内存中的结构转换为一种方便存储的数据结构；而反序列化正好相反，会把存储好的数据重新加载到内存中，组织成方便快速读写的映射和位图。以下是过滤索引的序列化函数 serializeIntFieldFilter 的实现代码。

```cpp
std::string FilterIndex::serializeIntFieldFilter() {
    std::ostringstream oss;
    for (const auto& field_entry : intFieldFilter) {
        const std::string& field_name = field_entry.first;
        const std::map<long, roaring_bitmap_t*>& value_map = field_entry.second;
        for (const auto& value_entry : value_map) {
            long value = value_entry.first;
            const roaring_bitmap_t* bitmap = value_entry.second;
            // 将位图序列化为字节数组
            uint32_t size = roaring_bitmap_portable_size_in_bytes(bitmap);
```

```
        char* serialized_bitmap = new char[size];
        roaring_bitmap_portable_serialize(bitmap, serialized_bitmap);
        // 将字段名称、值和序列化的位图写入输出流
        oss << field_name << "|" << value << "|";
        oss.write(serialized_bitmap, size);
        oss << std::endl;
        delete[] serialized_bitmap;
      }
    }
    return oss.str();
}
```

serializeIntFieldFilter 的作用是将过滤索引中的位图数据序列化为字节数组，并构建一个包含所有序列化数据的字符串。

首先，函数创建了一个 std::ostringstream 对象 oss，用于构建最终的序列化数据字符串。然后，它遍历 intFieldFilter 中存储的每个字段，对于每个字段，获取其名称和与之关联的值到位图的子映射。对于子映射中的每个值和位图对，函数计算位图的序列化大小，并创建一个字节数组 serialized_bitmap 来存储序列化后的位图。使用 roaring_bitmap_portable_serialize 函数将位图序列化为字节数组。然后，函数将字段名称、值和序列化的位图写入 oss 对象中。在写入数据后，函数释放了为序列化位图分配的内存。最后，函数将 oss 对象中的内容转换为一个字符串，并将其作为返回值。

我们继续实现反序列化函数 deserializeIntFieldFilter。

```
void FilterIndex::deserializeIntFieldFilter(const std::string& serialized_data) {
    std::istringstream iss(serialized_data);
    std::string line;
    while (std::getline(iss, line)) {
        std::istringstream line_iss(line);
        // 从输入流中读取字段名称、值和序列化的位图
        std::string field_name;
        std::getline(line_iss, field_name, '|');
        std::string value_str;
        std::getline(line_iss, value_str, '|');
        long value = std::stol(value_str);

        std::string serialized_bitmap(std::istreambuf_iterator<char>(line_iss), {}); // 读取序列化的位图
        // 反序列化位图
        roaring_bitmap_t* bitmap = roaring_bitmap_portable_deserialize(serialized_bitmap.data());
        intFieldFilter[field_name][value] = bitmap; // 将反序列化的位图写入 intFieldFilter
    }
}
```

这段代码定义了一个名为 deserializeIntFieldFilter 的函数，它的作用是将过滤索引序列化后的数据反序列化为内存中的位图对象。函数接受一个包含序列化数据的字符串 serialized_data 作为输入，然后逐行解析这些数据。对于每一行，它首先提取字段名称和整型值，然后将字符串表示的位图数据反序列化为 roaring_bitmap_t 类型的对象。最后，将这个位图对象与字段名称和整型值关

联起来，并存储在 intFieldFilter 映射中，以便后续的过滤操作。这个过程使得原本存储在外部格式中的数据变得可供内存中的程序直接使用。

不过，只是实现序列化和反序列化还不够，这两个函数并没有解决持久化的问题，所以我们需要在 FilterIndex 类中继续实现 saveIndex 和 loadIndex 函数，只需要把数据存储到合适的存储介质中即可。这里我们选择了基于 RocksDB 来实现。

```cpp
void FilterIndex::saveIndex(ScalarStorage& scalar_storage, const std::string& key) {
    std::string serialized_data = serializeIntFieldFilter();
    scalar_storage.put(key, serialized_data); // 将序列化的数据存储到 ScalarStorage
}

void FilterIndex::loadIndex(ScalarStorage& scalar_storage, const std::string& key) {
    std::string serialized_data = scalar_storage.get(key);
    deserializeIntFieldFilter(serialized_data); // 从序列化的数据中反序列化 intFieldFilter
}
```

这段代码定义了 FilterIndex 类中的两个成员函数，它们的详细实现逻辑如下。

- saveIndex 函数首先调用 serializeIntFieldFilter 函数将过滤索引中的位图数据序列化为字符串形式的 serialized_data，然后使用 ScalarStorage 对象的 put 函数将这些序列化的数据存储起来。
- loadIndex 函数则执行相反的操作。它首先使用 ScalarStorage 对象的 get 函数查询序列化的数据，然后调用 deserializeIntFieldFilter 函数将这些序列化的数据反序列化，从而将过滤索引恢复到其原始状态。

到这里，我们的三种内存索引数据类型都有了自己的 saveIndex 和 loadIndex 函数。为了使系统快照能力更加统一和通用，我们在 IndexFactory 中添加相应的 saveIndex 和 loadIndex 函数，这两个函数将封装整个系统所有索引对象的存储和加载操作。对外部而言，只需要使用 IndexFactory 提供的 saveIndex 和 loadIndex 函数即可，它们将作为一个整体对外提供服务。

```cpp
void IndexFactory::saveIndex(const std::string& folder_path, ScalarStorage& scalar_storage) {
    for (const auto& index_entry : index_map) {
        IndexType index_type = index_entry.first;
        void* index = index_entry.second;
        // 为每个索引类型生成一个文件名
        std::string file_path = folder_path + std::to_string(static_cast<int>(index_type)) + ".index";
        // 根据索引类型调用相应的 saveIndex 函数
        if (index_type == IndexType::FLAT) {
            static_cast<FaissIndex*>(index)->saveIndex(file_path);
        } else if (index_type == IndexType::HNSW) {
            static_cast<HNSWLibIndex*>(index)->saveIndex(file_path);
        } else if (index_type == IndexType::FILTER) { // 存储 FilterIndex 类型的索引
            static_cast<FilterIndex*>(index)->saveIndex(scalar_storage, file_path);
        }
    }
}
```

可以看到，IndexFactory 的 saveIndex 函数循环遍历自己映射对象中存储的索引对象，并分别调用不同类型索引对象的 saveIndex 函数，完成索引数据的持久化存储。IndexFactory 的 loadIndex 的实现逻辑与之类似，如下所示。

```
// 添加 loadIndex 函数实现
void IndexFactory::loadIndex(const std::string& folder_path, ScalarStorage& scalar_storage) {
    for (const auto& index_entry : index_map) {
        IndexType index_type = index_entry.first;
        void* index = index_entry.second;
        std::string file_path = folder_path + std::to_string(static_cast<int>(index_type)) + ".index";
        // 根据索引类型调用相应的 loadIndex 函数
        if (index_type == IndexType::FLAT) {
            static_cast<FaissIndex*>(index)->loadIndex(file_path);
        } else if (index_type == IndexType::HNSW) {
            static_cast<HNSWLibIndex*>(index)->loadIndex(file_path);
        } else if (index_type == IndexType::FILTER) { // 加载 FilterIndex 类型的索引
            static_cast<FilterIndex*>(index)->loadIndex(scalar_storage, file_path);
        }
    }
}
```

2. 扩展持久化能力

在 IndexFactory 中实现了对应的 saveIndex 和 loadIndex 能力之后，我们就可以把这两个能力集成到 Persistence 中了，毕竟后者才是最终提供统一持久化能力的模块。我们在 Persistence 中新增了两个函数。

```
void takeSnapshot(ScalarStorage& scalar_storage);
void loadSnapshot(ScalarStorage& scalar_storage);
```

到这里，我们需要特别注意，要设计好一个机制，以便在完成快照时记录好当前的快照位置，方便后续在增量预写日志中找到一个可识别的恢复位置，从而使预写日志和快照文件的数据能够无缝衔接。

实现这个机制的关键是在进行快照动作时，记录当前系统的最大预写日志 ID。我们认为这个预写日志 ID 之前的预写日志已经通过快照的方式被存储起来了，只有其后的预写日志在系统重启时才需要进行重放。

于是，在 Persistence 中，我们新增了两个函数。

```
void saveLastSnapshotID();
void loadLastSnapshotID();
```

我们回到 takeSnapshot 函数的实现部分。

```
void Persistence::takeSnapshot(ScalarStorage& scalar_storage) {
    GlobalLogger->debug("Taking snapshot");
    lastSnapshotID_ = increaseID_;
```

```
    std::string snapshot_folder_path = "snapshots_";
    IndexFactory* index_factory = getGlobalIndexFactory();
    index_factory->saveIndex(snapshot_folder_path, scalar_storage);
    saveLastSnapshotID();
}
```

takeSnapshot 成员函数的作用是创建并存储当前索引数据的快照。

首先，函数将当前预写日志的自增 ID 存储在 lastSnapshotID_ 成员变量中，系统重启时，预写日志文件中 ID 大于这个 ID 的日志才需要被重放。

接下来，函数调用 IndexFactory 的 saveIndex 函数，传入快照存储的文件夹路径前缀和 ScalarStorage 对象的引用，将当前系统的索引数据存储到指定的文件夹下。这样，当前的索引数据就被存储为一个快照文件。

最后，调用 saveLastSnapshotID 函数，将执行快照操作之前最大的预写日志自增 ID 持久化存储起来，以便系统重启时使用。

3. 系统恢复流程

我们再来看如何从已经持久化的存储中加载快照文件，Persistence 类的成员函数 loadSnapshot 就是用来实现这一功能的。

```
void Persistence::loadSnapshot(ScalarStorage& scalar_storage) {
    GlobalLogger->debug("Loading snapshot"); // 记录调试信息，表明正在开始加载快照操作
    IndexFactory* index_factory = getGlobalIndexFactory();
    // 调用 IndexFactory 的 loadIndex 函数，从指定的文件夹路径加载索引状态
    // 这里使用的文件夹路径是 "snapshots_"，它是快照数据存储的位置
    index_factory->loadIndex("snapshots_", scalar_storage);
}
```

函数使用了 IndexFactory 对象的 loadIndex 接口完成数据的恢复。不过为了支持预写日志和快照数据的衔接，我们需要对 Persistence::readNextWALLog 函数做一个小修改。

```
if (log_id > lastSnapshotID_){
    json_data->Parse(json_data_str.c_str()); // 使用指针参数返回 json_data
    GlobalLogger->debug("Read WAL log entry: log_id={}, operation_type={}, json_data_str={}", log_id_str,
        *operation_type, json_data_str);
    return;
}else {
    GlobalLogger->debug("Skip Read WAL log entry: log_id={}, operation_type={}, json_data_str={}",
        log_id_str, *operation_type, json_data_str);
}
```

在实际加载预写日志的过程中，我们需要判断当前的 log_id 是否已经被快照数据存储过了，只有在上一次快照之后的日志数据才需要被重放。

⚑ **版本升级 v0.2**

至此，我们的 Persistence 对象已经完整地支持了 takeSnapshot 和 loadSnapshot 函数。鉴于 takeSnapshot 会带来一定的系统开销，我们通过在 HttpServer 中增加一个 /admin/snapshot 接口的方式让管理员选择在合适的时机进行快照操作。loadSnapshot 函数会在系统启动过程中被调用，这个函数组合了快照文件和预写日志来恢复系统的数据。到目前为止，我们的单机向量数据库已经具备了较为完整的功能，我们将这个版本记为 v0.2。表 4-11 列出了为支持系统持久化能力，v0.2 新增 / 更新的模块和引入的功能。

表 4-11　v0.2 新增 / 更新的模块和引入的功能

模块名称	涉及文件	描　述
FilterIndex	filter_index.h filter_index.cpp	实现过滤索引的序列化和反序列化，同时支持 saveIndex 和 loadIndex 能力
FaissIndex	faiss_index.h faiss_index.cpp	支持扁平索引结构的 saveIndex 和 loadIndex 能力
HNSWLibIndex	hnswlib_index.h hnswlib_index.cpp	支持 HNSW 索引结构的 saveIndex 和 loadIndex 能力
Persistence	persistence.h persistence.cpp	支持 takeSnapshot 和 loadSnapshot 能力
VectorDatabase	vector_database.h vector_database.cpp	组合快照机制和预写日志，使系统可以基于快照时间进行重启恢复
HttpServer	http_server.cpp	增加 /admin/snapshot 接口，支持通过命令对系统进行一次快照操作

4.4　小结

依托行业已有的一些基础功能，本章我们从 0 到 1 实现了单机向量数据库。虽然目前的版本功能还比较简单，但是因为我们采取了模块化的设计思路，后续的版本可以在这个版本的基础上继续丰富和完善。单机向量数据库的实现过程简单整理如下。

● **向量数据管理**

我们从开源 FAISS 库的核心功能出发，学习了 FAISS 库是如何利用内存数据结构对向量数据进行索引的。基于 FAISS 库，我们实现了扁平索引的写入和查询功能，该模式在小规模向量数据场景下使用较多。为了支持更大规模的向量数据管理，我们进一步学习了 HNSWLib 库的源码，了解了 HNSWLib 是如何通过多层的图结构来索引向量数据的。基于 HNSWLib，我们实现了 HNSW 索引的写入和查询功能，该模式在中大规模向量数据场景下使用较多。

● 混合数据管理

为了支持向量数据库实际业务场景中最常用的向量和标量混合查询模式，我们引入了 RocksDB 标量存储组件。通过 RocksDB，我们可以同时存储浮点数向量数据和标签过滤数据，之后就可以方便地通过向量的 ID 将这些数据从 RocksDB 中提取出来。接着，我们在内存中基于映射和位图数据结构巧妙地搭建了一个支持混合查询的索引结构。通过这个索引结构，我们实现了过滤索引，让向量数据的写入和查询能力初步满足了实际业务场景的需求。于是，我们在 4.2.2 节提出了 VectorDatabase 组合类，这个类是后续系统承接用户请求的统一管理入口。定义 VectorDatabase 类是我们实现向量数据库的标志性步骤之一。

● 系统异常恢复

最后，我们把重心放到了"水面以下"——数据库系统背后的异常恢复能力。毕竟，数据库系统的本质还是把数据存储起来并支持高效查询，支持数据持久化才算得上完整的数据库系统。为了支持持久化能力，我们首先实现了系统的预写日志模块。通过预写日志，我们将用户的每一次变更请求都记录下来，在系统重启时基于预写日志就可以完成数据的恢复。不过这种恢复手段会随着数据增加而导致系统恢复时间变得过长。因此，我们接着在系统中实现了快照机制——既依赖 FAISS 和 HNSWLib 的索引存储和加载能力，也依赖我们自己实现的过滤索引的存储和加载能力。我们有效地协同了预写日志数据和快照数据，确保系统能够快速恢复。

最终，我们的向量数据库升级到了 v0.2，这是一个覆盖基础功能的单机向量数据库。从使用者视角来看，该版本的向量数据库已初步可用——具备向量数据写入与查询、数据持久化功能。v0.2 单机向量数据库的架构如图 4-5 所示。

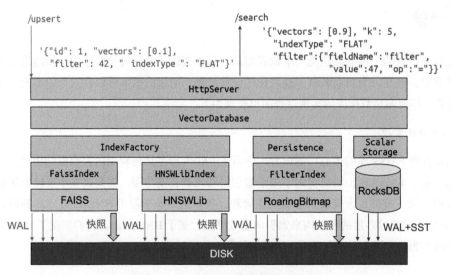

图 4-5　v0.2 单机向量数据库架构图

第5章
实现分布式向量数据库

> 鱼，我所欲也；熊掌，亦我所欲也。二者不可得兼，舍鱼而取熊掌者也。生，亦
> 我所欲也；义，亦我所欲也。二者不可得兼，舍生而取义者也。
>
> ——《孟子·告子上》

在第4章中，我们通过把复杂问题拆解为简单问题的策略，实现了单机向量数据库，这种策略是一种"化整为零"来解决复杂问题的办法。不过单机向量数据库会面临以下两个关键问题：一是受限于单机的资源限制，当单机资源（CPU、内存或者硬盘等）达到瓶颈时，向量数据库将无法扩展；二是由于硬件设备存在一定的故障概率，当出现单机故障时，向量数据库无法持续提供服务。幸运的是，经过计算机科学几十年的发展，行业已经积累了丰富的"化零为整"的经验，可以指导我们将多个单机组合成一个整体来提供服务。在数据库领域，其本质就是分布式技术。

在本章，为了将单机向量数据库组合为一个分布式向量数据库，我们会聚焦解决以下三个重点问题。

□ 如何让多个单机节点的数据保持一致性，即集群的数据管理。
□ 如何调度集群的访问流量，让集群中的各个节点各司其职，即集群的流量管理。
□ 在集群遇到单机故障时，如何保障集群持续对外提供服务，即集群的异常管理。

集群

集群通常由多台计算机组成，这些计算机通过网络连接在一起，共同工作以完成特定的任务。在分布式系统中，集群可以用于提高系统的性能、可用性和扩展性。

集群通常包含一个或多个主节点（也称为领导者、首领或主服务器）以及多个从节点（也称为副本、备份或从服务器）。主节点接收客户端的数据写请求，从节点与主节点保持同步，以确保数据的一致性和集群的可靠性。主节点和从节点通常都接收客户端的数据读取请求。

CAP 定理

在分布式系统的设计中，有一个基础且核心的理论，叫 CAP 定理（也称 CAP 原则、布鲁尔定理）。简单来说，它指的是在一个分布式系统中，C、A、P 三者不可兼得。具体来说，C（consistency，一致性）指的是系统中所有数据副本在同一时刻保持一致，A（availability，可用性）即系统持续提供服务的能力，P（partition tolerance，分区容错性）意味着系统能在网络分区的情况下继续运行。根据定理，分布式系统只能满足三项中的两项，而不可能同时满足三项。

在实际应用中，由于网络故障、硬件故障、软件错误等，网络分区是一种常见且不可避免的情况。在分区容错性不可忽略的前提下，系统设计者通常需要根据实际情况在一致性和可用性之间做出权衡。

选择一致性意味着系统在任何时刻都确保所有数据副本保持一致。例如，当系统接收到数据存储请求时，它会采取一定的机制来保证所有数据副本都被更新，以确保数据的一致性。在强一致性模式下，只有当所有副本都成功写入后，系统才认为写入操作成功。然而，这种严格的一致性要求可能会导致写入操作的延迟增加和系统的可用性降低。

选择可用性可能会牺牲一定的一致性。在这种模式下，系统可以采取一些策略来优先确保服务的可用性，例如在主节点成功写入后即向用户报告成功，即使其他副本尚未完成写入。这样做可以保证即使部分节点出现故障，系统仍能继续提供服务。然而，这种做法可能会增加数据丢失的风险，例如当其他节点都处于恢复过程时，如果当前服务节点再次发生故障，数据会由于没有冗余存储而丢失。

总体来说，一致性和可用性在分布式系统中是相互制约的，没有完美的解决方案，设计者必须根据系统的具体需求和实际情况进行权衡。

5.1 集群数据管理

实现分布式向量数据库的第一步是做好分布式场景下的数据管理，我们简称为集群的数据管理。而做好集群数据管理包括两个关键方面：一是多节点之间的数据复制，确保数据在不同节点之间的准确传输和一致性存储；二是角色选择，即确定在写入数据时哪个节点拥有写入权限，而其他节点则扮演接收、复制数据的角色。这种角色选择需要根据系统的实际情况动态调整，特别是在出现节点故障时，需要进行角色的重新分配，以确保系统的稳定运行和数据一致性。在分布式系统中，这通常依赖一致性协议的支持。一致性协议负责确保不同节点之间的数据操作达成一致，使得系统即使在网络分区或出现节点故障的情况下也能做好角色的选择并且保持数据的一致性。

在实现集群数据管理时，常用的一致性协议包括 Paxos、Raft 和 Gossip 等。三者在设计理念、实现复杂度和应用场景等方面有所不同。我们可以根据系统的特点和需求选择合适的协议。

- □ Paxos 协议
  - 设计理念：Paxos 协议由 Leslie Lamport 提出，旨在解决分布式系统中的一致性问题。它基于一种主节点（leader）选举和多数派决策的思想，通过分阶段的提案和投票机制，保证系统中的节点能够就某个值达成一致意见。
  - 实现复杂度：Paxos 协议的实现相对复杂，因为它涉及多个阶段的消息传递和投票机制，需要处理各种可能的场景和异常情况。
  - 应用场景：Paxos 协议通常用于需要强一致性的系统中，例如分布式数据库、分布式事务等。
- □ Raft 协议
  - 设计理念：Raft 协议由 Diego Ongaro 和 John Ousterhout 提出，旨在设计一种更易理解和实现的分布式一致性算法。它引入了主节点选举、基于日志的数据复制和安全性等概念，通过简化设计和明确的状态转换，降低了分布式一致性算法的复杂度。
  - 实现复杂度：相对于 Paxos 协议，Raft 协议的实现更加直观和易于理解，因为它将一致性问题划分为主节点选举和基于日志的数据复制两个核心问题，并提供了清晰的状态机转换图。
  - 应用场景：Raft 协议适用于需要高可用性和较强一致性的系统，例如分布式存储系统、分布式计算框架等。
- □ Gossip 协议
  - 设计理念：Gossip 协议是一种去中心化的分布式通信协议，其设计灵感来自信息传播中的八卦（gossip）现象。它通过节点之间的随机通信和信息交换，逐步传播和同步系统中的信息，从而达到整个系统的数据一致性。
  - 实现复杂度：Gossip 协议的实现相对简单，因为它不需要集中式的控制节点，节点之间可以自主地进行通信和信息交换。然而，由于去中心化的特性，其可能会导致一些消息传播延迟和不确定性。
  - 应用场景：Gossip 协议通常用于大规模分布式系统中，例如对等网络（peer-to-peer，P2P）系统、分布式数据库的角色选择等场景。

业界也有许多开发者采用完全自研的数据复制和角色选择功能，这种方式可以更专注于核心功能，并提供更高的可定制性。例如，开源的 MySQL 系统就是自行实现了多节点间的数据复制功能，而主从切换则需要依赖外部系统的支持。Redis 系统虽然采用了 Gossip 协议来实现集群角色的选择，但节点间的数据复制则是自行开发的。

随着 Raft 协议在开源方案中的应用越来越广泛，越来越多专业的数据库系统开始基于开源的 Raft 进行构建。利用现有的基础设施来开发新系统已成为业界的主流设计思路。本文选择了开源的 NuRaft 方案来实现向量数据库的集群数据管理。

5.1.1 认识 NuRaft

```
认识 NuRaft
├── 简单介绍
│     └── 基于 Raft 协议进行优化和改进
├── 主节点选举
│     ├── 优先级机制
│     └── 探活与选举流程
├── NuRaft 状态机和接口
│     ├── 外部交互 API
│     └── 自定义开发模块
└── 数据复制模式
      ├── 强一致性
      └── 异步复制
```

1. 简单介绍

NuRaft 是用 C++ 实现的轻量级 Raft 协议版本，由 eBay 团队开源。它继承了 Raft 协议的两个核心原理和机制，一是通过自动的主节点选举来有效协调集群中多节点的角色（我们后续简称为主节点选举），二是基于日志完成多节点之间的数据复制（我们后续简称为数据复制），但针对实际应用场景进行了一些优化和改进，尤其适用于大型分布式系统。

NuRaft 在 Raft 协议的基础上添加了一些新特性，以满足 eBay 等大型企业在实际应用中的特定需求。下面我们简单看一看部分新特性。

- 预投票协议：在正式选举前进行一轮预投票，以减少不必要的选举和提高选举效率。
- 基于优先级的主节点选举：通过设置优先级来影响选举结果，使得选举过程更加可控和可预测。
- 主节点过期：引入主节点过期的概念，以避免主节点长时间不活跃导致的集群停滞。
- 基于对象的逻辑快照：通过基于逻辑块的对象快照机制来优化日志的存储和恢复过程。
- SSL/TLS 支持：提供了安全的通信机制，增强了数据传输的安全性。

在这里，我们把注意力放在主节点选举和数据复制两个核心功能上。

2. 主节点选举

在主节点选举机制方面，NuRaft 采用了内部多节点的持续探活机制，以确保在单节点异常时，其他节点可以通过多数投票法选举出新的主节点。NuRaft 实现了一种基于优先级的主节点选举机制，以下是选举机制中的相关信息说明。

图 5-1 是 NuRaft 多节点选举示意图。在一个包含五个节点的系统中，每个节点被赋予了不同的选举优先级。S1 是初始的主节点。Tn 表示当前节点 Sn 的目标优先级，而 Pn 表示当前节点 Sn 自身的优先级。例如在时刻 0，S1 对应的 T1 为 100，P1 也为 100；而 S3 对应的 T3 为 100，P3 为 80。X 表示当前时刻 Sn 节点有事件（节点超时、投票选举等）发生。横向箭头表示节点之间传递事件的方向。

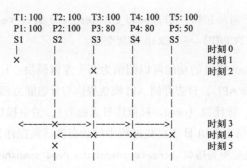

图 5-1 NuRaft 多节点选举示意图

整个选举过程如下所示。

- 时刻 0，初始化 T1 ~ T5 为 100，P1、P2 为 100，P3 为 80，P4 为 80，P5 为 50，S1 为主节点。
- 时刻 1，S1 节点宕机离线。
- 时刻 2，S3 节点发现 S1 节点离线，但由于 P3 小于 T3，所以不发起主节点选举投票。
- 时刻 3，S2 节点发现 S1 节点离线，由于 P2 大于等于 T2，所以发起新主节点的选举投票。
- 时刻 4，S3、S4、S5 发现 P2 大于等于 T3、T4、T5，于是选举 S2 为新主节点。
- 时刻 5，S2 成为新主节点。

3. NuRaft 状态机和接口

除了主节点的选举机制，NuRaft 还提供了完整的状态机转换和数据复制相关接口，支持开发者自定义状态机转换逻辑和节点间的数据复制行为。NuRaft 官方文档详细介绍了 NuRaft 框架提供的核心接口能力，我们截取其中的部分内容介绍，如图 5-2 所示。

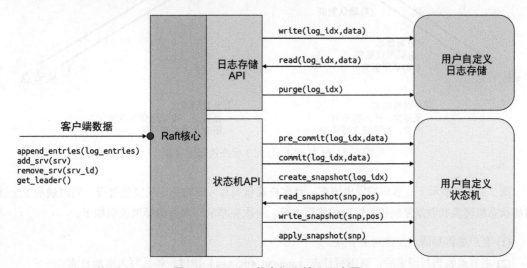

图 5-2 NuRaft 状态机和接口示意图

NuRaft 提供了若干核心对外接口，如 append_entries、add_srv、remove_srv 等，这些接口允许客户端数据通过网络协议（TCP/IP）与 NuRaft 框架交互。

在内部接口方面，NuRaft 提供的功能可以归纳为两个逻辑模块：日志存储 API（log store API）和状态机 API（state machine API）。日志存储 API 模块提供与日志能力相关的操作接口，包含写接口（write，提供写日志能力）、读接口（read，提供读日志能力）、清空接口（purge，提供清空日志的能力）。状态机 API 模块提供了 Raft 日志提交过程中的状态机转换操作接口，包含数据的提交接口（pre_commit、commit）和快照相关接口（create_snapshot、read_snapshot、write_snapshot、apply_snapshot）。同时，这两个模块为开发者提供了自定义能力，允许开发者在 NuRaft 的框架内填充业务核心逻辑，并完成数据流动过程中的自定义代码编写。

如图 5-3 所示的 NuRaft 核心 API 状态流转流程图进一步阐释了在数据写入过程中，主节点与从节点是如何调用 NuRaft 的核心接口的。这种时序图有助于我们深刻理解节点间如何在实际操作中协同工作，以及在此过程中如何调用 API。

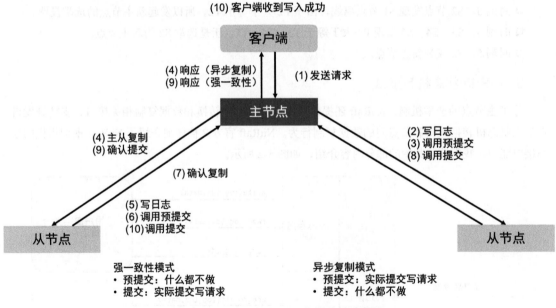

图 5-3　NuRaft 核心 API 状态流转流程图

图 5-3 详细展示了从客户端发出请求，到客户端收到写入成功响应的完整过程，同时展示了全链路的状态机转换和数据复制相关接口的使用情况。一次完整的写入过程详细说明如下。

(1) 客户端将写请求发送到主节点。

(2) 主节点收到写请求后，调用写日志（append_entries）接口，将其写入本地日志。

(3) 成功写入本地日志后，调用预提交（pre_commit）接口。这里要特别注意：在强一致性（strong consistency）模式下，预提交实际上什么都不做；而在异步复制（asynchronous replication）模式下，预提交会实际完成写请求的生效操作，也就是使数据可被其他请求查询。

(4) 预提交完成后，数据会以 Raft 日志的形式从主节点复制到从节点。同时，在异步复制模式下，主节点会在这一步将写入成功的响应返回给客户端。

(5) 从节点写本地日志。

(6) 从节点调用预提交接口。

(7) 从节点告知主节点数据已经成功被复制到从节点。

(8) 主节点调用提交（commit）接口。这里也要特别注意：在强一致性模式下，提交会实际完成写请求的生效操作；而在异步复制模式下，提交实际上什么都不做。

(9) 在主节点完成写请求数据生效操作之后，主节点告知从节点也需要完成写请求数据生效操作。同时，在强一致性模式下，主节点将写入成功的响应返回给客户端。

(10) 从节点收到主节点的确认提交请求后，在本地完成数据的生效操作。至此，整个数据写入过程完成。

4. 数据复制模式

当主节点收到来自客户端的写请求时，NuRaft 框架会协调主节点和从节点之间的操作，按照特定的顺序调用相关 API 以完成数据复制。NuRaft 提供了两种数据复制模式：强一致性模式和异步复制模式。

- **强一致性模式**

主节点会等待大多数从节点确认已成功接收并复制日志条目后，才会提交该日志条目。这意味着在主节点提交一个日志条目之前，大多数从节点必须已经复制了该条目，从而确保了数据的一致性。这种模式提供了最高级别的一致性，但也可能会增加延迟，因为主节点需要等待从节点的响应。

- **异步复制模式**

主节点将日志条目发送给从节点后即可继续处理下一个请求，而不必等待从节点的响应。这种模式可以提高系统的吞吐量和性能，因为主节点不需要等待从节点的响应就可以继续处理请求，但它可能会导致从节点的数据落后于主节点，从而降低一致性。

这两种模式提供了不同级别的数据一致性保证：如果开发者更看重性能，例如在互联网业务场景下，可以选择异步复制模式；如果开发者更看重数据的一致性，例如在金融业务场景下，可以选择强一致性模式。

5.1.2　建立主从关系

```
建立主从关系
├── 自定义实现状态机和数据复制逻辑
│    ├── inmem_state_mgr：状态管理器
│    └── log_state_machine：处理日志的状态机逻辑
├── Raft 信息统一管理
│    ├── RaftStuff：Raft 节点的统一类
│    └── 重要函数
│         ├── init：初始化 Raft 节点
│         ├── addSrv：添加节点
│         └── isLeader：判断主节点
└── HttpServer 集成主从功能
     ├── 新增 RaftStuff 指针
     └── 实现 addFollowerHandler 处理新加入的从节点请求
```

要将 NuRaft 框架整合到第 4 章所述的单机向量数据库系统中，我们需要重点关注 NuRaft 中的两个关键类：state_mgr（状态管理器）和 state_machine（状态机）。

- □ state_mgr 负责管理节点的状态信息，包括节点的上线和下线、超时导致的主节点选举，以及配置变更。state_mgr 在节点之间同步状态信息，并处理状态的转换和更新。
- □ state_machine 是一个抽象类，表示 NuRaft 系统的状态机转换逻辑，定义了在接收到日志条目后如何处理和提交这些日志条目，以改变系统状态。state_machine 定义了系统的业务逻辑和行为，是 NuRaft 中实现应用逻辑的关键类。

1. 自定义实现状态机和数据复制逻辑

我们基于 NuRaft 的源码中的 inmem_state_mgr 示例框架，实现了适合我们系统的状态管理器 inmem_state_mgr，其核心代码实现如下所示。

```cpp
class inmem_state_mgr: public state_mgr {
public:
    // 构造函数，初始化节点信息和日志存储
    inmem_state_mgr(int srv_id, const std::string& endpoint, VectorDatabase* vector_database)
    : my_id_(srv_id)
    , my_endpoint_(endpoint)
    , cur_log_store_( cs_new<inmem_log_store>(vector_database) ) {
        // 初始化服务器配置信息和集群配置信息
        my_srv_config_ = cs_new<srv_config>( srv_id, endpoint );
        saved_config_ = cs_new<cluster_config>();
        saved_config_->get_servers().push_back(my_srv_config_);
    }
    // 析构函数
    ~inmem_state_mgr() {}
    ptr<cluster_config> load_config(); // 加载集群配置信息
    void save_config(const cluster_config& config); // 保存集群配置信息
    void save_state(const srv_state& state); // 保存节点状态信息
    ptr<srv_state> read_state(); // 读取节点状态信息
```

```
    ptr<log_store> load_log_store(); // 加载日志存储
    int32 server_id(); // 获取服务器 ID
    ptr<srv_config> get_srv_config(); // 获取服务器配置信息
private:
    int my_id_;
    std::string my_endpoint_;
    ptr<inmem_log_store> cur_log_store_;
    ptr<srv_config> my_srv_config_;
    ptr<cluster_config> saved_config_;
    ptr<srv_state> saved_state_;
};
```

这段代码实现了一个名为 inmem_state_mgr 的类，用于管理节点的状态信息。该类通过多个成员函数提供了节点状态信息、集群配置信息和日志存储的管理和访问功能，以支持 NuRaft 协议的运行。

在完成了自定义 inmem_state_mgr 的实现后，NuRaft 能够基于该类与框架自带的其他类配合工作，以完成诸如节点的上线和下线、配置变更以及主选举等核心功能。

state_machine 作为状态转换的承载者，在处理用户提交的日志时发挥着至关重要的作用。它提供了一个自定义入口，用于定义日志提交过程中的关键函数，如 commit、pre_commit 等。在这里，我们可以先定义一个简单的占位类，为后续实现具体功能打下基础。例如，log_state_machine 类定义了用于处理日志的状态机转换逻辑。

```
class log_state_machine : public state_machine {
public:
    ptr<buffer> commit(const ulong log_idx, buffer& data); // 提交日志并返回结果
    void pre_commit(const ulong log_idx); // 在预提交阶段执行的操作
    void rollback(const ulong log_idx); // 回滚到指定日志索引处
    ulong last_commit_index(); // 获取最后提交的日志索引
};
```

2. Raft 信息统一管理

在定义了 inmem_state_mgr 和 log_state_machine 之后，我们现在准备将 NuRaft 框架集成到向量数据库系统中。为此，我们引入一个名为 RaftStuff 的新类。这个对象不仅是连接所有 Raft 相关功能的统一接口类，也是我们系统中一个 Raft 节点的基本管理单元。RaftStuff 的核心代码实现如下所示。

```
class RaftStuff {
public:
    RaftStuff(int node_id, const std::string& endpoint, int port); // 构造函数，初始化 RaftStuff 对象
    void init(); // 初始化 Raft 节点
    // 向 Raft 集群添加新的节点
    ptr< cmd_result< ptr<buffer> > > addSrv(int srv_id, const std::string& srv_endpoint);
    bool isLeader() const; // 添加 isLeader 函数声明，判断当前节点是否为主节点
private:
    ptr<state_mgr> smgr_; // 状态管理器对象指针
    ptr<state_machine> sm_; // 状态机对象指针
```

```
raft_launcher launcher_;  // Raft 启动器对象
ptr<raft_server> raft_instance_; // Raft 服务器对象指针
};
```

表 5-1 列出了 RaftStuff 结构体的重要成员变量和成员函数。

表 5-1 **RaftStuff** 结构体的重要成员

名　称	类　别	描　述
smgr_	成员变量	该 Raft 节点对应的 NuRaft 状态管理器
sm_	成员变量	该 Raft 节点对应的 NuRaft 状态机
launcher_	成员变量	Raft 节点的启动器
raft_instance	成员变量	Raft 节点的运行时对象
init	成员函数	RaftStuff 对象的初始化函数
addSrv	成员函数	在已经初始化的 raft_instance 基础上增加其他 Raft 节点，例如增加从节点
isLeader	成员函数	该函数从 smgr_ 中的状态信息判断当前节点是否是主节点

RaftStuff 中的 init 函数实现了启动一个 Raft 协议的节点，以下是它的核心代码实现。

```
void RaftStuff::init() {
    // 初始化状态管理器和状态机
    smgr_ = cs_new<inmem_state_mgr>(node_id, endpoint);
    sm_ = cs_new<log_state_machine>();

    // 设置 ASIO 服务选项
    asio_service::options asio_opt;
    asio_opt.thread_pool_size_ = 1;

    // 设置 Raft 参数
    raft_params params;
    params.election_timeout_lower_bound_ = 100000;
    params.election_timeout_upper_bound_ = 200000;

    // 初始化 Raft 实例
    raft_instance_ = launcher_.init(sm_, smgr_, nullptr, port_, asio_opt, params);
    GlobalLogger->debug("RaftStuff initialized with node_id: {}, endpoint: {}, port: {}", node_id,
        endpoint, port_); // 添加打印日志
}
```

从代码中我们可以看到，init 函数通过 inmem_state_mgr 和 log_state_machine 初始化了 smgr_ 和 sm_ 这两个成员。这两个成员在 NuRaft 框架的运行过程中将随着状态机转换而自动调用。随后，我们利用 launcher_ 的 init 函数启动了一个在本地运行的 Raft 节点，并返回一个成功运行后的 raft_instance 对象。此对象将作为后续操作该 Raft 节点的统一入口。

addSrv 函数负责将其他节点加入当前的 Raft 群组中。其核心代码实现如下所示。

```
ptr< cmd_result< ptr<buffer> > > RaftStuff::addSrv(int srv_id, const std::string& srv_endpoint) {
    ptr<srv_config> peer_srv_conf = cs_new<srv_config>(srv_id, srv_endpoint);
```

```
// 添加打印日志
GlobalLogger->debug("Adding server with srv_id: {}, srv_endpoint: {}", srv_id, srv_endpoint);
return raft_instance_->add_srv(*peer_srv_conf);
}
```

RaftStuff 类的成员函数 addSrv 将新的服务器节点添加到现有的 Raft 集群中，以扩展 Raft 集群的规模。该函数接受两个参数，分别是新服务器节点的 ID（srv_id）和访问点地址（srv_endpoint）。在内部，函数首先创建一个新的服务器配置对象 peer_srv_conf，基于该对象调用 Raft 实例的 add_srv 函数，将新的服务器配置对象传递给该函数，并返回添加服务器的结果。当然，为了实现这一过程，需要确保目标节点也运行了相应的 raft_instance，该目标节点运行的 raft_instance 的 ID 和访问点地址就是我们需要添加的节点信息，这是构建 Raft 集群的基本前提。

3. HttpServer 集成主从功能

为了使 RaftStuff 能够对外提供服务，我们计划将其作为一个成员变量整合到 HttpServer 中。因此，在 HttpServer 的定义中，我们新增了一个成员变量。

```
RaftStuff* raft_stuff_; // 修改为RaftStuff指针
```

有了这个 raft_stuff 指针，我们就能在 HttpServer 中提供 Raft 相关命令。以下是 HttpServer 新增从节点的函数实现。

```
void HttpServer::addFollowerHandler(const httplib::Request& req, httplib::Response& res) {
    GlobalLogger->debug("Received addFollower request");

    // 从 JSON 请求中获取从节点信息
    int node_id = json_request["nodeId"].GetInt();
    std::string endpoint = json_request["endpoint"].GetString();
    raft_stuff_->addSrv(node_id, endpoint); // 调用 RaftStuff 的 addSrv 函数将新的从节点添加到集群中
}
```

之后，我们在 HttpServer 的构造函数中登记 addFollower 命令的处理入口。

```
server.Post("/admin/addFollower", [this](const httplib::Request& req, httplib::Response& res) {
    addFollowerHandler(req, res);
});
```

至此，我们已具备启动两个不同的 vdb_server 实例并将其组合为一个 Raft 集群的能力。这两个实例可以在同一台机器上运行，只需配置它们监听不同的端口即可。接下来，我们可以选择其中一个节点作为主节点，然后通过 addFollower 命令将另一个节点作为从节点加入 Raft 集群中。这样，两个 Raft 节点就能成功建立起主节点和从节点的关系。以下是一个相应的请求示例。

```
请求:
curl -X POST -H "Content-Type: application/json" -d '{"nodeId": 2, "endpoint": "127.0.0.1:9091"}'
    http://localhost:8080/admin/addFollower
返回:
{"retCode":0}
```

这段代码使用 cURL 命令向 http://localhost:8080/admin/addFollower 发送了一个 HTTP POST 请求，请求的内容是一个 JSON 格式的数据：{"nodeId": 2, "endpoint": "127.0.0.1:9091"}。该请求预期在当前节点上增加一个节点 ID 为 2、访问点地址为本机 9091 端口的目标节点，作为当前节点的从节点。服务器收到请求后，成功处理并返回了一个 JSON 格式的数据 {"retCode":0}，其中 retCode 的值为 0，表示成功将这个节点增加到了当前集群中，目标节点成了当前节点的从节点。

5.1.3 实现数据复制

```
实现数据复制
├── inmem_log_store 类
│      └── 完成主从节点间的数据复制
├── append 函数
│      └── 记录用户写请求日志
├── commit 函数
│      └── 提交日志数据，写入和更新生效
└── upsertHandler 函数
       └── HttpServer 处理写请求时写入日志
```

在通过 Raft 协议建立了两个节点间的主从关系之后，接下来的任务是完善系统，实现主从节点间的数据复制。这一步骤至关重要，它不仅能确保通过主节点写入的数据能够在从节点上存储下来，而且增强了系统的分布式能力，提供了一定程度的容灾保障。

NuRaft 框架提供了一个父类 log_store，它为开发者自定义实现提供了入口。通过这个入口，我们可以将 NuRaft 的数据复制功能与我们现有的系统相结合。

1. inmem_log_store 类

我们参考了 NuRaft 源码中的 inmem_log_store 示例，在 inmem_log_store 中实现了用于在主节点和从节点间进行数据复制的功能。inmem_log_store 的核心定义如下所示。

```cpp
class inmem_log_store : public log_store {
public:
    inmem_log_store(VectorDatabase* vector_database); // 添加 VectorDatabase 指针参数，用于初始化
    ~inmem_log_store(); // 析构函数
    __nocopy__(inmem_log_store); // 禁止复制构造函数
public:
    ulong next_slot() const; // 获取下一个日志槽位
    ulong start_index() const; // 获取起始索引
    ptr<log_entry> last_entry() const; // 获取最后一个日志条目
    ulong append(ptr<log_entry>& entry); // 追加日志条目
    void write_at(ulong index, ptr<log_entry>& entry); // 在指定索引处写入日志条目
private:
    static ptr<log_entry> make_clone(const ptr<log_entry>& entry); // 创建日志条目副本的静态函数
    std::map<ulong, ptr<log_entry>> logs_; // 日志条目的容器，以索引为键
    mutable std::mutex logs_lock_; // 保护日志容器的互斥锁
    std::atomic<ulong> start_idx_; // 日志起始索引，原子类型，用于并发操作
```

```
VectorDatabase* vector_database_; // 指向 VectorDatabase 的指针，用于操作向量数据库
};
```

在基于 log_store 父类实现的 inmem_log_store 中，我们实现了关键函数 append。该函数用于记录用户的写请求，同时调用持久化函数存储数据。为了便于与当前的 vector_database 交互，我们在 inmem_log_store 的构造函数中传入了 vector_database 的指针，并将其作为成员变量存储。

2. append 函数

append 函数的具体代码实现如下所示。

```
ulong inmem_log_store::append(ptr<log_entry>& entry) {
    ptr<log_entry> clone = make_clone(entry); // 克隆日志条目，确保线程安全
    std::lock_guard<std::mutex> l(logs_lock_); // 对日志容器加锁，防止并发写入
    size_t idx = start_idx_ + logs_.size() - 1; // 计算当前日志条目的索引
    logs_[idx] = clone; // 将克隆的日志条目添加到日志容器中
    if (entry->get_val_type() == log_val_type::app_log) { // 根据日志类型打印日志内容
        buffer& data = clone->get_buf();
        std::string content(reinterpret_cast<const char*>(data.data() + data.pos() + sizeof(int)),
            data.size() - sizeof(int));
        GlobalLogger->debug("Append app logs {}, content: {}, value type {}", idx, content,
            entry->get_val_type()); // 添加打印日志
        vector_database_->writeWALLogWithID(idx, content);
    } else {
        buffer& data = clone->get_buf();
        std::string content(reinterpret_cast<const char*>(data.data() + data.pos()), data.size());
        GlobalLogger->debug("Append other logs {}, content: {}, value type {}", idx, content,
            entry->get_val_type()); // 添加打印日志
    }
    if (disk_emul_delay) { // 模拟硬盘延迟写入
        uint64_t cur_time = timer_helper::get_timeofday_us();
        disk_emul_logs_being_written_[cur_time + disk_emul_delay * 1000] = idx;
        disk_emul_ea_.invoke(); // 触发硬盘模拟事件
    }
    return idx; // 返回当前日志条目的索引
}
```

可以看到，append 函数负责处理来自 NuRaft 框架的用户请求日志数据。该函数通过调用 vector_database 对象的 writeWALLogWithID 函数，将这些日志数据持久化记录到系统中。这一机制使得在单个节点发生故障时，系统能够通过日志系统恢复数据。

writeWALLogWithID 是我们在第 4 章预写日志（WAL）系统中增加的一个功能，它允许基于指定 ID 记录 WAL。该函数的核心代码实现如下所示。

```
void VectorDatabase::writeWALLogWithID(uint64_t log_id, const std::string& data) {
    std::string operation_type = "upsert"; // 默认 operation_type 为 upsert
    std::string version = "1.0"; // 可以根据需要设置版本
    // 调用 persistence_ 的 writeWALRawLog 函数
    persistence_.writeWALRawLog(log_id, operation_type, data, version);
}
```

3. commit 函数

显然仅仅复制日志到节点是不够的，我们还需要在主节点和从节点上实际地提交这些数据。只有这样，后续的读请求才能真正查询到数据。NuRaft 框架也提供了相关的自定义接口，以协助开发者实现这一功能。我们需要在 5.1.2 节中定义的 log_state_machine 中实现 commit 和 pre_commit 等函数。以下是 commit 函数的核心代码实现，仅作示例说明。

```cpp
ptr<buffer> log_state_machine::commit(const ulong log_idx, buffer& data) {
    std::string content(reinterpret_cast<const char*>(data.data() + data.pos() + sizeof(int)),
        data.size() - sizeof(int)); // 解析日志内容并打印
    GlobalLogger->debug("Commit log_idx: {}, content: {}", log_idx, content);
    // 解析 JSON 请求
    rapidjson::Document json_request;
    json_request.Parse(content.c_str());
    uint64_t label = json_request[REQUEST_ID].GetUint64();
    last_committed_idx_ = log_idx; // 更新最后提交的日志索引号
    // 获取请求参数中的索引类型
    IndexFactory::IndexType indexType = vector_database_->getIndexTypeFromRequest(json_request);
    vector_database_->upsert(label, json_request, indexType); // 在向量数据库中写入或更新数据
    // 将 Raft 日志索引号作为返回结果返回
    ptr<buffer> ret = buffer::alloc( sizeof(log_idx) );
    buffer_serializer bs(ret);
    bs.put_u64(log_idx);
    return ret;
}
```

从实现的角度来看，这一过程相对简单。我们只需从 NuRaft 框架中获取需要提交的数据，然后调用 vector_database 的更新函数来写入结果，从而完成数据的提交。一旦 commit 接口被调用，数据便可通过接口被用户查询。至此，我们可以向客户端确认数据写入成功。

4. upsertHandler 函数

接下来，我们的任务是更新 HttpServer 中的 upsertHandler 函数。原先这个函数直接使用 vector_database 的 upsert 函数，现在需要替换为基于 NuRaft 框架的写入逻辑，新函数 upsertHandler 接收客户端的写请求，将请求内容添加到 Raft 集群的日志中，并向客户端返回表示请求处理结果的 JSON 响应。其核心代码实现如下所示。

```cpp
void HttpServer::upsertHandler(const httplib::Request& req, httplib::Response& res) {
    GlobalLogger->debug("Received upsert request"); // 打印接收到的请求信息
    // 解析 JSON 请求
    rapidjson::Document json_request;
    json_request.Parse(req.body.c_str());
    uint64_t label = json_request[REQUEST_ID].GetUint64();
    // 获取请求参数中的索引类型
    IndexFactory::IndexType indexType = getIndexTypeFromRequest(json_request);
    raft_stuff_->appendEntries(req.body);  // 将新的日志条目添加到集群中
```

```
// 构造 JSON 响应
rapidjson::Document json_response;
json_response.SetObject();
rapidjson::Document::AllocatorType& response_allocator = json_response.GetAllocator();
json_response.AddMember(RESPONSE_RETCODE, RESPONSE_RETCODE_SUCCESS, response_allocator);
// 将 retCode 添加到响应
setJsonResponse(json_response, res);  // 设置响应内容
}
```

⚑ 版本升级 v0.3

至此，我们已经完成了主节点和从节点之间的数据复制。通过利用 NuRaft 框架提供的开发者自定义接口，我们无须编写过多 Raft 协议本身的代码，就能完成主要流程的编写。这正是开源软件和良好的软件工程实践帮助我们迅速实现目标的一个例证。

我们将这个版本记为 v0.3，它支持了多节点建立主从关系和主从间的数据复制功能。表 5-2 展示了在引入 NuRaft 后，v0.3 为实现主从关系和数据复制相关功能而新增 / 更新的模块和引入的功能。

表 5-2　v0.3 新增 / 更新的模块和引入的功能

模块名称	涉及文件	描　　述
inmem_state_mgr	in_memory_state_mgr.h	实现了 NuRaft 框架中的节点状态和信息更新的自定义函数
log_state_machine	log_state_machine.h log_state_machine.cpp	实现了 NuRaft 框架中的数据在多节点提交的功能
inmem_log_store	in_memory_log_store.h in_memory_log_store.cpp	实现了 NuRaft 框架中的日志在多节点间复制的功能
RaftStuff	raft_stuff.h raft_stuff.cpp	作为 NuRaft 框架的包裹类，提供了 Raft 信息的统一入口

5.2　集群流量管理

在 5.1 节中，我们通过 Raft 协议建立了一个具有主节点和从节点的分布式系统。如果要在客户端程序中访问这个分布式系统中的主节点或从节点，存在一种简单的实现方式，即在客户端固定地配置主节点和从节点的访问地址信息。然而，在主节点或从节点重新选举的情况下，这种方法可能导致客户端需要更新配置，这对开发者来说并不方便。

为了解决这一问题，我们提出了替代方案：在 VdbServer 前设置一个代理服务 ProxyServer。这个代理服务隐藏了后端主节点和从节点的细节，客户端仅需与代理服务建立连接。当主节点或从节点的身份发生变化时，ProxyServer 能够感知这一变化，并代替客户端完成实际的请求切换。

为了开发这种代理服务,我们面临一个问题:ProxyServer 如何感知当前后端 Raft 集群的系统变化? 为此,我们引入了一个名为 MasterServer 的系统元数据管理模块,负责跟踪 Raft 集群的状态。MasterServer 定期与 Raft 集群中的各个节点通信,以侦测任何主从角色变更或节点故障,并据此更新集群的状态信息。根据 MasterServer 提供的实时数据,ProxyServer 动态调整其流量转发策略,确保所有请求都能被有效地转发到正确的节点,无论是主节点还是从节点。

5.2.1 集群的元数据管理

```
集群的元数据管理
├── 元数据管理概览
│    ├── MasterServer:管理分布式集群元数据
│    ├── 元数据结构:实例、节点信息
│    └── 持久化方案:etcd
├── 元数据存储格式
│    └── 以 nodeId 为键,节点信息为值
└── 元数据管理实现
     ├── MasterServer 类
     │    └── HTTP 接口实现初始化 etcd 客户端,提供 HTTP 端口
     └── HTTP 接口实现
          ├── addNode:添加节点
          ├── getNodeInfo:获取节点信息
          ├── removeNode:移除节点
          └── getInstance:获取实例信息
```

1. 元数据管理概述

MasterServer 负责管理多个分布式集群的元数据。我们需要先定义元数据的结构,并选择合适的持久化方案,确保元数据管理系统本身具备一定的容灾能力。

元数据主要包含以下重要信息。

❑ 实例(instance)信息,标识了这个元数据信息从属于哪个实例。

❑ 节点(node)信息,记录了一个实例下的单个节点的元数据信息,包括 nodeId、url、role 和 status 信息。

多个节点组成一个实例,一个系统管理多个实例。

考虑到我们对元数据的管理需求相对简单,并且希望后续访问具有较低延迟,我们选择了业界成熟的开源分布式键-值存储系统 etcd。etcd 提供了多节点的容灾能力,并且具有低访问延迟,非常适合存储 MasterServer 需要管理的元数据。

2. 元数据存储格式

基于需要管理的元数据,结合 etcd 存储系统的特点,我们设计了一种键-值存储格式。

key: /instances/instance1/nodes/node123
value: {"instanceId":"instance1","nodeId":"node123","url":"http://127.0.0.1:8080","role":0,"status":1}
key: /instances/instance1/nodes/node125
value: {"instanceId":"instance1","nodeId":"node125","url":"http://127.0.0.1:9090","role":0,"status":1}

简单说明如下。

- 键（key）的格式为：/instances/ 实例 ID/nodes/ 节点 ID。
- 值（value）的格式为一个 JSON 字符串，包含了这个节点的重要元数据信息。
  - url 表示该节点的访问地址。
  - role 表示节点角色：role 为 0 表示该节点为主节点，role 为 1 表示该节点为从节点。
  - status 表示节点状态：status 为 1 表示节点处于正常状态，status 为 0 表示节点处于异常状态。

我们将这个节点的相关元数据信息编码到了键和值两个字符串中，采用这种元数据组合格式的优势在于，当我们需要精确获取节点 ID 为 nodeId 的元数据时，我们可以通过拼装这个节点的实例 ID 和节点 ID 信息得到其完整的键，从而直接访问相应的值——值会包含这个节点的相关元数据信息。此外，如果我们想要获取 ID 为 instanceId 的实例下所有节点的信息，可以利用 etcd 支持的前缀匹配功能来查询。

3. 元数据管理实现

以下是 MasterServer 的核心代码实现。

```cpp
class MasterServer {
public:
    explicit MasterServer(const std::string& etcdEndpoints, int httpPort);
    void run();
private:
    etcd::Client etcdClient_;

    void getNodeInfo(const httplib::Request& req, httplib::Response& res);
    void addNode(const httplib::Request& req, httplib::Response& res);
    void removeNode(const httplib::Request& req, httplib::Response& res);
    void getInstance(const httplib::Request& req, httplib::Response& res);
};
```

这段代码定义了一个名为 MasterServer 的类，基于这个类我们可以支持面向客户端 - 服务端编程模式的架构。其中 MasterServer 作为服务端，类中的函数用于处理特定的 HTTP 请求；etcdClient_ 成员变量提供了与 etcd 集群交互的能力。对 MasterServer 类及其成员函数的简单说明如下。

- **构造函数**

接受两个参数：一个字符串 etcdEndpoints，表示 etcd 集群的访问点；一个整数 httpPort，表示 MasterServer 监听的 HTTP 端口。

- 成员函数 void run()

用于启动 MasterServer 服务器，开始监听 HTTP 请求。

- 私有成员变量 etcdClient_

与 etcd 集群进行交互的客户端对象。

- 私有成员函数

addNode：处理添加新节点的 HTTP 请求。

getNodeInfo：处理获取节点信息的 HTTP 请求。

removeNode：处理移除现有节点的 HTTP 请求。

getInstance：处理获取实例信息的 HTTP 请求。

这些接口的实现本质上都是依赖 MasterServer 在其构造函数中初始化的 etcd 客户端，基于这个 etcd 客户端进行元数据的管理。接下来我们以 addNode 为例详细说明其具体实现。

```cpp
void MasterServer::addNode(const httplib::Request& req, httplib::Response& res) {
    rapidjson::Document doc;
    doc.Parse(req.body.c_str()); // 解析请求的 JSON 数据
    if (!doc.IsObject()) { // 如果解析失败或数据格式不正确
        setResponse(res, 1, "Invalid JSON format"); // 设置响应状态码和消息
        return;
    }
    try {
        std::string instanceId = doc["instanceId"].GetString(); // 获取实例 ID
        std::string nodeId = doc["nodeId"].GetString(); // 获取节点 ID
        std::string etcdKey = "/instances/" + instanceId + "/nodes/" + nodeId; // 拼接 etcd 键
        rapidjson::StringBuffer buffer;
        rapidjson::Writer<rapidjson::StringBuffer> writer(buffer);
        doc.Accept(writer); // 序列化 JSON 数据
        etcdClient_.set(etcdKey, buffer.GetString()).get(); // 将数据存储到 etcd 中
        setResponse(res, 0, "Node added successfully"); // 设置成功响应
    } catch (const std::exception& e) {
        setResponse(res, 1, std::string("Error accessing etcd: ") + e.what()); // 设置异常响应
    }
}
```

addNode 函数首先从客户端请求中提取相关的 instanceId 信息和节点信息。接着，它将这些信息组合成一个 etcdKey 字符串。随后，函数将请求中的 JSON 字符串作为值，并调用 etcdClient_ 的 set 函数来持久化这些数据。

类似地，getNodeInfo、removeNode 和 getInstance 等函数也都是按照相同的方式实现的。

此外，MasterServer 本身还提供了 HTTP 接口，使外部系统可以通过 HTTP 请求获取当前系统的元数据信息。相关的 HTTP 请求是基于 cpp-httplib 实现的。

MasterServer 注册 HTTP 服务接口的代码如下所示。

```
MasterServer::MasterServer(const std::string& etcdEndpoints, int httpPort)
    : etcdClient_(etcdEndpoints)
    , httpPort_(httpPort) { // 初始化 etcd 客户端，传入 etcd 的访问点信息，初始化 HTTP 端口号
    // 配置 HTTP 服务器的转发规则
    httpServer_.Get("/getNodeInfo", [this](const httplib::Request& req, httplib::Response& res) {
        getNodeInfo(req, res); // 处理 getNodeInfo 请求，提供节点信息查询功能
    });
    httpServer_.Post("/addNode", [this](const httplib::Request& req, httplib::Response& res) {
        addNode(req, res); // 处理 addNode 请求，用于向集群添加新的节点
    });
    httpServer_.Delete("/removeNode", [this](const httplib::Request& req, httplib::Response& res) {
        removeNode(req, res); // 处理 removeNode 请求，用于从集群中移除节点
    });
    httpServer_.Get("/getInstance", [this](const httplib::Request& req, httplib::Response& res) {
        getInstance(req, res); // 处理 getInstance 请求，提供获取实例信息的功能
    });
}
```

在完成 HTTP 接口的编写后，我们基于以下命令进行相关接口的测试。

```
请求：
curl "http://localhost:6060/getInstance?instanceId=instance1"
返回：
{"retCode":0,"msg":"Instance info retrieved successfully","data":{"instanceId":"instance1","nodes":
    [{"instanceId":"instance1","nodeId":"node123","url":"http://127.0.0.1:8080","role":0,"status":1},
    {"instanceId":"instance1","nodeId":"node125","url":"http://127.0.0.1:9090","role":0,"status":1}]}}
```

从请求和响应的情况来看，MasterServer 已经具备了对当前分布式系统元数据进行管理和查询的能力。外部系统可以依靠 MasterServer 提供的 HTTP 接口，获取当前系统中所有节点的状态和信息。

5.2.2 统一的流量入口

```
统一的流量入口
├── ProxyServer 类
│   ├── 作用：提供统一入口，隐藏后端 VdbServer 信息
│   └── NodeInfo 结构：存储后端节点信息
├── fetchAndUpdateNodes 函数
│   ├── 从 MasterServer 定期更新节点信息
│   ├── 使用双数组和原子索引避免线程竞争
│   └── 异步定时器线程更新节点信息
└── forwardRequest 函数
    ├── 使用轮询策略选择节点
    ├── 构建目标 URL 并转发请求
    └── 接收响应并传递给客户端
```

利用 MasterServer 提供的元数据管理接口，我们现在可以着手实现 ProxyServer 的核心代码了。ProxyServer 的作用是提供一个统一的流量入口，使客户端无须了解后端 VdbServer 的具体信息。

1. ProxyServer 类

首先，我们需要在 ProxyServer 中实时存储当前转发所需的后端服务地址信息。这些信息应从 MasterServer 定期更新，以确保其处于最新状态。以下是 ProxyServer 的核心定义。

```
// 节点信息结构
struct NodeInfo {
    std::string nodeId;
    std::string url;
    int role; // 例如，0 表示主节点，1 表示从节点
};

class ProxyServer {
public:
    ProxyServer(const std::string& masterServerHost, int masterServerPort, const std::string& instanceId);
    ~ProxyServer();
    void start(int port);
private:
    CURL* curlHandle_;
    std::vector<NodeInfo> nodes_[2]; // 使用两个数组
    std::atomic<int> activeNodesIndex_; // 指示当前活动的数组索引
    std::atomic<size_t> nextNodeIndex_; // 轮询索引
    void fetchAndUpdateNodes(); // 获取并更新节点信息
    void startNodeUpdateTimer(); // 启动节点更新定时器
};
```

通过以上代码可以看出，我们定义了一个名为 NodeInfo 的结构体，用以表示当前 ProxyServer 管理的后端节点的关键信息，主要包括节点的 ID、访问 URL 以及节点的角色信息（表示该节点是主节点还是从节点）。

后续操作中，这些 NodeInfo 将在两个不同的线程中使用。线程 1 将与 MasterServer 交互，定期更新最新的节点信息；线程 2 则会根据当前的节点信息（包括 URL 和角色）执行转发任务。因此，两个线程将同时访问这些内存数据，这就引入了线程间的数据竞争问题，这在编程时需要特别关注。如果两个线程同时访问同一块内存数据，可能会导致程序异常退出。

通常的解决方案是使用互斥锁或读写锁。在这种情况下，当一个线程操作这块内存时，其他线程必须等待锁释放后才能访问。然而，这种锁等待可能导致较长的延迟，因此不是一个高性能的解决方案。更高性能的解决方案是使用交换数组的方式，我们可以提供两个独立的 NodeInfo 数组和两个原子索引字段来实现这一点。以下是相关核心数据结构的定义。

```
std::vector<NodeInfo> nodes_[2]; // 使用两个数组
std::atomic<int> activeNodesIndex_; // 指示当前活动的数组索引
std::atomic<size_t> nextNodeIndex_; // 轮询索引
```

2. fetchAndUpdateNodes 函数

基于以上数据结构，ProxyServer 中更新节点信息的函数 fetchAndUpdateNodes 的核心代码实现

如下所示。

```
void ProxyServer::fetchAndUpdateNodes() {
    // 构建请求 URL，包括 MasterServer 的地址、端口和实例 ID
    std::string url = "http://" + masterServerHost_ + ":" + std::to_string(masterServerPort_) +
        "/getInstance?instanceId=" + instanceId_;
    // 设置 cURL 选项，这里省略了具体的设置代码
    ...
    CURLcode curl_res = curl_easy_perform(curlHandle_); // 执行 cURL 请求，并获取结果
    if (curl_res != CURLE_OK) { // 如果 cURL 请求成功，解析响应数据
        // 如果 cURL 请求失败，记录错误并返回
        GlobalLogger->error("cURL request failed: {}", curl_easy_strerror(curl_res));
        return;
    }
    // 将响应数据解析为 JSON 对象
    rapidjson::Document doc;
    if (doc.Parse(response_data.c_str()).HasParseError()) {
        GlobalLogger->error("Failed to parse JSON response");
        return;
    }
    int inactiveIndex = activeNodesIndex_.load() ^ 1; // 获取非活动节点数组的索引，用于更新节点信息
    nodes_[inactiveIndex].clear(); // 清空非活动节点数组，准备添加新的节点信息
    // 遍历 JSON 响应中的节点数组，提取每个节点的信息
    const auto& nodesArray = doc["data"]["nodes"].GetArray();
    for (const auto& nodeVal : nodesArray) {
        NodeInfo node;
        node.nodeId = nodeVal["nodeId"].GetString();
        node.url = nodeVal["url"].GetString();
        node.role = nodeVal["role"].GetInt();
        nodes_[inactiveIndex].push_back(node); // 将解析出的节点信息添加到非活动节点数组中
    }
    activeNodesIndex_.store(inactiveIndex); // 原子地切换活动节点数组的索引
    GlobalLogger->info("Nodes updated successfully"); // 记录节点更新成功的日志信息
}
```

从上面的代码可知，我们首先使用 activeNodesIndex_.load() ^ 1 来获取当前未使用的 NodeInfo 数组元素的位置。接着，根据从 MasterServer 返回的节点信息来更新该位置对应的 NodeInfo 数据。虽然我们一次需要更新的节点信息可能较多，从而会导致整个更新过程耗时较长，但是由于我们使用的是一个空闲的 NodeInfo 数组元素，ProxyServer 的转发线程不会使用这个数组元素的信息，该更新动作对 ProxyServer 实际的转发线程影响极小。

在节点信息更新完成后，inactiveIndex 对应的数组元素存储了最新的节点信息。我们使用 activeNodesIndex_.store(inactiveIndex) 来将 inactiveIndex 的值原子地更新到 activeNodesIndex_ 中。这样，当 ProxyServer 再次获取节点信息时，它将获取到最新的信息。通过双数组的动态切换方式，我们能够实现高性能的元数据更新和访问机制。

完成这个函数的实现后，我们可以在 ProxyServer 中启动一个异步定时器线程来刷新 NodeInfo，从而实现定期更新节点信息。

以下是注册异步定时器的实现代码。

```
void ProxyServer::startNodeUpdateTimer() {
    std::thread([this]() { // 创建一个新线程，捕获当前对象的 this 指针
        while (running_) { // 进入一个循环，只要 running_ 标志为 true，就持续执行
            std::this_thread::sleep_for(std::chrono::seconds(30)); // 线程休眠 30 秒，这是定时器的间隔时间
            fetchAndUpdateNodes(); // 唤醒后，调用函数来获取和更新节点信息
        }
    }).detach();  // 分离线程，允许它独立于主程序运行
}
```

ProxyServer 的构造函数会调用 startNodeUpdateTimer() 来启动更新函数，从而异步更新相关的节点信息。

3. forwardRequest 函数

基于实时更新的节点信息，我们接下来实现 ProxyServer 的核心转发逻辑。ProxyServer 类的成员函数 forwardRequest 用于将接收到的 HTTP 请求转发到后端节点，其代码实现如下所示。

```
void ProxyServer::forwardRequest(const httplib::Request& req, httplib::Response& res,
    const std::string& path) {
    int activeIndex = activeNodesIndex_.load(); // 获取当前活动节点数组的索引
    if (nodes_[activeIndex].empty()) { // 如果活动节点数组为空，说明没有可用的后端节点
        ... // 这里省略错误处理或节点恢复的逻辑
        return;
    }
    // 使用轮询策略从活动节点数组中选择一个节点
    size_t nodeIndex = nextNodeIndex_.fetch_add(1) % nodes_[activeIndex].size();
    const auto& targetNode = nodes_[activeIndex][nodeIndex]; // 获取选中的节点信息
    std::string targetUrl = targetNode.url + path; // 构建目标节点的完整 URL
    GlobalLogger->info("Forwarding request to: {}", targetUrl); // 记录请求转发的日志信息
    ... // 设置 cURL 请求的选项，这里省略了具体的设置代码

    std::string response_data; // 定义一个容器来存储响应数据
    curl_easy_setopt(curlHandle_, CURLOPT_WRITEDATA, &response_data);

    CURLcode curl_res = curl_easy_perform(curlHandle_);
    if (curl_res != CURLE_OK) { // 如果请求失败，记录错误并处理
        ... // 此处省略处理 cURL 请求失败的情况
    } else {
        GlobalLogger->info("Received response from server"); // 如果请求成功，记录服务器响应的日志信息
        if (response_data.empty()) { // 如果响应数据为空，需要处理
            ... // 省略处理详情
        } else {
            // 将响应数据设置到 HTTP 响应中，并设置内容类型为 application/json
            res.set_content(response_data, "application/json");
        }
    }
}
```

从转发逻辑中我们可以看出，该函数首先利用 activeNodesIndex_ 获取当前最新的 NodeInfo 数组

位置。由于这里未使用锁机制，因此性能损耗较低。同时，由于当前数组不会被其他线程更新，我们可以安心使用它。接下来，根据 NodeInfo 中后端 VdbServer 的 URL，我们构建一个转发地址，并通过 cURL 相关的 API 将请求发送到实际的节点。接收到节点的响应后，我们将返回值传递给客户端。

至此，通过 ProxyServer 和 MasterServer，我们进一步提升了系统的易用性。开发者只需访问 ProxyServer 的地址，ProxyServer 会将实际的请求转发到后端的 VdbServer。

由于 ProxyServer 和 MasterServer 是无状态的，我们可以部署多个节点以提高它们的可用性。多个 ProxyServer 和 MasterServer 可各自通过一个单独的负载均衡（LB）服务进行转发。对调用方来说，只需要使用两个单独的负载均衡服务地址来访问这两个服务即可。如果 ProxyServer 或 MasterServer 的任意节点因异常原因退出，负载均衡服务会基于自身的流量探测机制将异常节点剔除。

5.2.3 读写分离

```
读写分离
├── 请求识别
│   └── 定义读 / 写请求路径集合，标识请求类型
└── 根据策略转发
    └── forwardRequest：实现请求转发逻辑
```

在 5.2.2 节中，我们实现了 ProxyServer 与 MasterServer 的交互，并赋予了 ProxyServer 初步的流量转发能力。然而，由于不同节点的角色差异，它们实际上承担的功能不同。例如，主节点可以同时处理读请求与写请求，而从节点则仅能处理读请求。

1. 请求识别

接下来，我们计划在 ProxyServer 中引入读写分离的识别机制。当客户端发起写请求时，流量将被转发至主节点；当客户端发起读请求时，则在多个节点间进行负载均衡。

首先，在 ProxyServer 的成员变量中定义读和写请求的路径集合。

```
std::set<std::string> readPaths_;  // 读请求的路径集合
std::set<std::string> writePaths_; // 写请求的路径集合
```

在 ProxyServer 的构造函数中，我们将初始化并配置这些读请求与写请求的路径。

```
readPaths_ = {"/search"};   // 定义读请求路径
writePaths_ = {"/upsert"};  // 定义写请求路径
```

2. 根据策略转发

基于这两个已初始化的路径集合，我们将在实际的转发函数中加入基于访问路径的转发策略，这里的函数在 5.2.2 节的转发函数之上扩展读写分离的逻辑。

```
void ProxyServer::forwardRequest(const httplib::Request& req, httplib::Response& res,
    const std::string& path) {
    ... // 这里省略了参数解析部分代码
    size_t nodeIndex = 0; // 初始化节点索引，默认为 0
    if (writePaths_.find(path) != writePaths_.end()) { // 如果请求路径在写请求列表中，则执行以下操作
        for (size_t i = 0; i < nodes_[activeIndex].size(); ++i) { // 寻找主节点
            if (nodes_[activeIndex][i].role == 0) {
                nodeIndex = i; // 找到主节点，更新节点索引
                break;
            }
        }
    } else { // 如果请求路径不在写请求列表中，则执行以下操作
        // 轮询选择任何角色的节点，使用 fetch_add 实现线程安全的自增操作
        nodeIndex = nextNodeIndex_.fetch_add(1) % nodes_[activeIndex].size();
    }
    ... // 这里省略了后续通过 cURL 执行转发部分代码
}
```

在 forwardRequest 函数的实现中，我们通过配置读写路径，实现了基于请求级别的读写分离。当然，请求转发的策略可以更加丰富和复杂，例如可以采用基于最少连接数的转发，或者根据目标节点的实际负载来进行转发，等等。如对这些策略感兴趣，你可以在当前的代码基础上进行进一步的扩展和探索。

5.2.4 保证读写一致性

在我们的系统中，主节点和从节点之间的数据复制有可能采用了异步模式。这意味着在主节点上写入的数据会立即生效，而从节点则由于复制延迟，需要稍后才能读取数据。对于那些希望在数据写入后立即读取的客户端来说，这就需要我们的 ProxyServer 提供一种具有更强的一致性保障的读取方式。

我们可以通过识别客户端传入的 forceMaster 参数来实现这一功能。以下是优化后的转发函数的核心代码实现。

```
void ProxyServer::forwardRequest(const httplib::Request& req, httplib::Response& res,
    const std::string& path) {
    ... // 这里省略了参数解析部分代码

    // 检查请求中是否有参数指定需要强制转发到主节点
    bool forceMaster = (req.has_param("forceMaster") && req.get_param_value("forceMaster") == "true");
    // 如果需要强制主节点或请求的是写操作（写路径存在于写路径集合中）
    if (forceMaster || writePaths_.find(path) != writePaths_.end()) {
        for (size_t i = 0; i < nodes_[activeIndex].size(); ++i) {
            if (nodes_[activeIndex][i].role == 0) {
                nodeIndex = i;
                break;
            }
        }
    }
```

```
  }
  ... // 这里省略了后续进行读请求转发和通过 cURL 执行转发部分代码
}
```

从代码中可以看出，实现这一功能相对简单：我们只需检查请求参数中是否含有 forceMaster 参数。当 forceMaster 字段参数为 true 时，我们将强制选择主节点作为转发目标。

版本升级 v0.4

至此，我们定义了包含 MasterServer 和 ProxyServer 的 v0.4。这个版本引入了统一的元数据管理模块和代理转发模块。开发者可以通过统一的 ProxyServer 入口，方便地访问系统中的主节点和从节点，进一步提升了系统的易用性。表 5-3 展示了 v0.4 新增的模块和引入的功能。

表 5-3　v0.4 新增的模块和引入的功能

模块名称	涉及文件	描　述
MasterServer	master_server.h master_server.cpp vdb_server_master.cpp	实现了元数据管理模块，对外提供了节点的访问地址、角色和状态信息。 MasterServer 作为一个独立的进程运行
ProxyServer	proxy_server.h proxy_server.cpp vdb_server_proxy.cpp	实现了代理转发模块，该模块能从元数据系统中获取目标转发地址，同时支持读写分离和一致性读。 ProxyServer 作为一个独立的进程运行

5.3　集群异常管理

在前面的章节中，我们构建了一个结合了 VdbServer、MasterServer 和 ProxyServer 的复合分布式系统。该系统不仅完成了节点间的数据复制，而且通过 ProxyServer 提供了一个统一的入口，以方便开发者使用。然而，考虑到分布式系统中单节点故障的不可避免性，我们接下来需要投入更多精力，以确保我们的系统在单节点故障时具备一定的容灾能力。

5.3.1　发现新主节点

```
发现新主节点
├─ startNodeUpdateTimer 函数
│   └─ 创建并启动定时更新线程
└─ updateNodeStates 函数
    ├─ 从 etcd 获取节点列表
    ├─ 发送 HTTP 请求到 VdbServer 获取节点状态
    └─ 根据返回的状态更新 etcd 中的节点角色信息
```

在当前系统中，VdbServer 已经借助 NuRaft 实现了多节点的自动选主功能，即如果主节点发生故障，其他节点会通过投票机制自动选举出一个具有最高优先级的从节点作为新的主节点。

1. startNodeUpdateTimer 函数

MasterServer 对新主节点变化的感知是识别故障的关键。因此，我们需要在 MasterServer 中新增一个定时器线程，该线程定期从各个 VdbServer 探测当前主节点信息是否发生变化，并定期更新节点的状态信息。我们使用异步线程的方式实现该定时器，以下是 startNodeUpdateTimer 定时器的实现代码（与我们在 ProxyServer 中启动的异步定时器线程的实现代码基本一致）。

```cpp
void MasterServer::startNodeUpdateTimer() {
    std::thread([this]() {
        while (true) {
            std::this_thread::sleep_for(std::chrono::seconds(30));
            updateNodeStates();
        }
    }).detach();
}
```

该定时器的实现相对简单，定时器会在 MasterServer 的构造函数中被启动，它启动之后会间隔休眠一段时间，例如这里配置的 30 秒，完成休眠之后调用更新节点信息的函数 updateNodeStates 来实际完成新主节点的发现。

2. updateNodeStates 函数

实际执行更新状态信息的函数 updateNodeStates 的实现代码如下所示。

```cpp
void MasterServer::updateNodeStates() {
    ... // 这里省略了之前的代码
    try {
        std::string nodesKeyPrefix = "/instances/";
        GlobalLogger->info("Fetching nodes list from etcd");
        // 从 etcd 中获取节点列表
        etcd::Response etcdResponse = etcdClient_.ls(nodesKeyPrefix).get();
        for (size_t i = 0; i < etcdResponse.keys().size(); ++i) {
            const std::string& nodeKey = etcdResponse.keys()[i];
            const std::string& nodeValue = etcdResponse.values()[i].as_string();
            // 解析节点信息
            rapidjson::Document nodeDoc;
            nodeDoc.Parse(nodeValue.c_str());
            // 构建节点状态查询 URL
            std::string getNodeUrl = std::string(nodeDoc["url"].GetString()) + "/admin/getNode";
            // 执行 HTTP GET 请求获取节点状态信息
            CURLcode res = curl_easy_perform(curl);
            // 解析节点状态响应
            rapidjson::Document getNodeResponse;
            getNodeResponse.Parse(responseStr.c_str());
            // 更新节点角色信息
            const rapidjson::Value& node = getNodeResponse["node"];
```

```
            if (node.HasMember("state") && node["state"].IsString()) {
                std::string state = node["state"].GetString();
                // 根据节点状态确定新角色: leader 为 0, follower 为 1
                int newRole = (state == "leader") ? 0 : 1;
                // 如果节点角色未发生变化，则跳过更新
                if (nodeDoc.HasMember("role") && nodeDoc["role"].GetInt() == newRole) {
                    GlobalLogger->debug("No role update needed for node {}", nodeKey);
                    continue;
                }
                // 更新 etcd 中的节点信息
                nodeDoc["role"].SetInt(newRole);
                rapidjson::StringBuffer buffer;
                rapidjson::Writer<rapidjson::StringBuffer> writer(buffer);
                nodeDoc.Accept(writer);
                etcdClient_.set(nodeKey, buffer.GetString()).get();
            }
        }
    } catch (const std::exception& e) {
        GlobalLogger->error("Exception while updating node states: {}", e.what()); // 捕获异常并记录错误日志
    }
    ... // 这里省略之后的代码
}
```

在 updateNodeStates 函数中，MasterServer 首先从 etcd 存储中获取当前所有实例对应的节点信息，并使用节点的 URL 信息构建一个 /admin/getNode 请求，该请求被发送到 VdbServer。当 VdbServer 接收到此请求时，它会返回该节点的当前信息，其中包括一个 state 字段。如果当前节点是主节点，state 字段的值为 "leader"；若是从节点，则该字段值为 "follower"。

MasterServer 会根据从 VdbServer 返回的节点信息检查当前节点的身份信息是否发生了变化。如果节点的身份与 etcd 存储中的信息不同，MasterServer 将会根据最新信息更新 etcd 中存储的节点信息。

这样，一旦 VdbServer 发生主从切换，MasterServer 就可以通过定时更新接口的方式及时发现这一变化。

5.3.2 发现故障从节点

```
发现故障从节点
├── nodeErrorCounts 错误计数器
│   └── 记录相应节点被探测为疑似异常的次数
└── updateNodeStates 函数
    ├── 从 etcd 获取节点列表
    ├── 遍历节点，执行健康检查和状态更新
    └── 异常捕获和日志记录
```

1. nodeErrorCounts 错误计数器

除了主节点发生节点故障后从节点被选举为新主节点的情况，VdbServer 还可能遇到从节点本

身因单机故障不可用的情况。MasterServer 同样需要识别并处理这类故障。因此，我们继续优化 updateNodeStates 函数的实现。

为了探测节点的当前状态，我们在 MasterServer 类中新增了一个错误计数器 nodeErrorCounts，用于记录相应节点被探测为疑似异常的次数。

```
std::map<std::string, int> nodeErrorCounts;
```

2. updateNodeStates 函数

在 updateNodeStates 函数中，我们将累加这个错误计数器的数值。一旦计数达到一定的阈值，节点状态将更新为失败状态。这样，外部系统便可以通过该节点的状态字段发现节点的状态异常。

```cpp
void MasterServer::updateNodeStates() {
    std::string nodesKeyPrefix = "/instances/"; // 定义 etcd 中存储节点信息的前缀路径
    GlobalLogger->info("Fetching nodes list from etcd"); // 记录从 etcd 获取节点列表的操作
    // 通过 etcd 客户端获取对应前缀路径下的所有节点信息
    etcd::Response etcdResponse = etcdClient_.ls(nodesKeyPrefix).get();
    // 遍历 etcd 返回的所有节点键-值对
    for (size_t i = 0; i < etcdResponse.keys().size(); ++i) {
        ... // 获取节点的键（nodeKey）和相关的文档（nodeDoc），这里省略了获取和解析的代码

        CURLcode res = curl_easy_perform(curl);
        bool needsUpdate = false;
        if (res != CURLE_OK) {
            GlobalLogger->error("curl_easy_perform() failed: {}", curl_easy_strerror(res));
            nodeErrorCounts[nodeKey]++; // 增加节点的错误计数
            // 如果错误计数达到一定阈值且节点状态不为 0（异常），则将节点状态设置为 0
            if (nodeErrorCounts[nodeKey] >= 5 && nodeDoc["status"].GetInt() != 0) {
                nodeDoc["status"].SetInt(0); // 设置状态为 0
                needsUpdate = true;
            }
        } else {
            nodeErrorCounts[nodeKey] = 0; // 如果 cURL 请求成功，重置节点的错误计数
            // 如果节点状态不为 1（正常），则将节点状态设置为 1
            if (nodeDoc["status"].GetInt() != 1) {
                nodeDoc["status"].SetInt(1); // 设置状态为 1
                needsUpdate = true;
            }
            ... // 这里省略其他状态更新逻辑
        }

        // 如果节点状态需要更新，则序列化节点文档并存储到 etcd
        if (needsUpdate) {
            // 创建一个 rapidjson 文本缓冲区和写入器
            rapidjson::StringBuffer buffer;
            rapidjson::Writer<rapidjson::StringBuffer> writer(buffer);
            nodeDoc.Accept(writer); // 将节点文档写入缓冲区
            etcdClient_.set(nodeKey, buffer.GetString()).get(); // 更新 etcd 中的节点信息
            // 记录节点状态更新的信息
            GlobalLogger->info("Updated node {} with new status and role", nodeKey);
```

```
        }
    }
    // 捕获并记录可能抛出的异常
    catch (const std::exception& e) {
        GlobalLogger->error("Exception while updating node states: {}", e.what());
    }
    // 其他可能的操作，这里省略
    ...
}
```

从当前的实现来看，MasterServer 在通过 /admin/getNode 请求更新节点信息时，如果发现无法连通某个节点，会在nodeErrorCounts中记录该节点的请求失败次数。一旦失败次数达到预设的阈值，MasterServer 将在 etcd 中将该节点的状态更新为失败。这样，当外部系统后续通过 MasterServer 获取最新的节点信息时，任何处于失败状态的节点都会被准确识别。

5.3.3　实现故障切换

至此，MasterServer 已经能够识别主节点切换和从节点故障这两种情况，并且会在故障发生后将相关节点信息更新到系统的元数据中。

为了实现最终的故障流量切换，我们需要在 ProxyServer 中新增相应的故障识别和处理逻辑。以下是更新后的 fetchAndUpdateNodes 函数代码。

```
void ProxyServer::fetchAndUpdateNodes() {
    GlobalLogger->info("Fetching nodes from master server"); // 记录从 MasterServer 获取节点信息的操作
    std::string url = "http://" + masterServerHost_ + ":" + std::to_string(masterServerPort_) +
        "/getInstance?instanceId=" + instanceId_;// 构建请求 URL，包括 MasterServer 的地址、端口和实例 ID
    GlobalLogger->debug("Requesting URL: {}", url); // 记录请求的 URL 信息，用于调试
    // 获取非活动节点数组的索引，用于接下来的节点信息更新，异或操作得到另一个数组的索引
    int inactiveIndex = activeNodesIndex_.load() ^ 1;
    nodes_[inactiveIndex].clear(); // 清空非活动节点数组，准备添加新的节点信息
    const auto& nodesArray = doc["data"]["nodes"].GetArray(); // 从 JSON 响应中获取节点数组
    // 遍历节点数组，提取每个节点的信息
    for (const auto& nodeVal : nodesArray) {
        // 只处理状态为 1（正常）的节点
        if (nodeVal["status"].GetInt() == 1) {
            NodeInfo node; // 创建一个新的 NodeInfo 实例
            node.nodeId = nodeVal["nodeId"].GetString(); // 设置节点 ID
            node.url = nodeVal["url"].GetString(); // 设置节点 URL
            node.role = nodeVal["role"].GetInt(); // 设置节点角色
            nodes_[inactiveIndex].push_back(node); // 将新的节点信息添加到非活动节点数组中
        } else {
            // 如果节点状态不为 1，记录跳过该节点的信息
            GlobalLogger->info("Skipping inactive node: {}", nodeVal["nodeId"].GetString());
        }
    }
}
```

从这里我们可以看出，当 ProxyServer 从 MasterServer 更新节点信息时，它只会处理状态为 1（正常）的节点。换言之，一旦 MasterServer 识别出异常并标记节点状态为 0（异常），ProxyServer 在下一次更新节点信息时便会将该故障节点从转发列表中剔除。这样，后续新增的流量就不会再被转发到该故障节点上。

同时，在更新逻辑中，如果一个节点从先前的从节点转变为主节点角色，ProxyServer 也能够识别这一变化，并将写流量转发到新的主节点。

由于故障的出现，尽管故障节点被迅速识别并剔除，但系统此时处于少节点状态。因此，我们需要一个辅助系统或监控系统来检查此类情况，随后通过自动或人工方式补充新节点，并将其加入 Raft 集群中。新加入的节点将成为新的从节点。成为新的从节点后，它可以通过配置命令被加入 MasterServer 的统一管理中。一旦节点进入 MasterServer 的统一管理，ProxyServer 也将通过定时更新机制获取到这个节点的信息，并将符合条件的流量转发过去，从而使系统恢复到完整高可用的状态。

▶ 版本升级 v0.5

至此，我们定义了支持集群异常处理的 v0.5。这个版本通过优化 MasterServer 和 ProxyServer，支持了动态感知主节点变化和从节点故障的情况，从而真正实现了系统在单机故障后的自动恢复。表 5-4 展示了 v0.5 更新的模块和引入的功能。

表 5-4　v0.5 更新的模块和引入的功能

模块名称	涉及文件	描　　述
MasterServer	master_server.h master_server.cpp	在 MasterServer 中新增了异步探测线程，定时探测节点的状态信息并更新元数据系统
ProxyServer	proxy_server.h proxy_server.cpp	从 ProxyServer 中更新元数据信息时剔除异常节点

图 5-4 展示了组合了 MasterServer、ProxyServer 和 VectorDatabase 三个模块之后，具备一定分布式容灾能力的向量数据库的最新架构图。

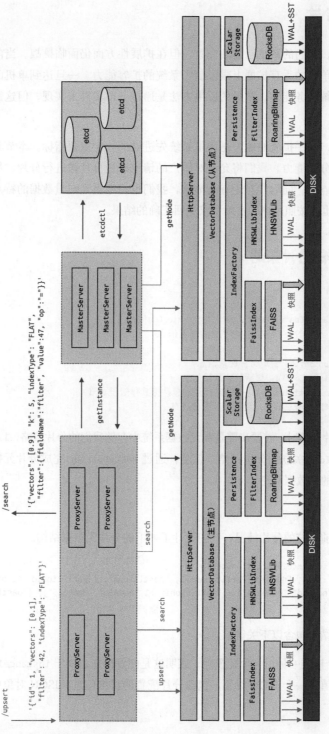

图 5-4 v0.5 向量数据库架构图

5.4 集群的分片

在前面的章节中，我们的系统已逐渐完善，但在扩展性方面仍面临挑战。当前系统仅允许主节点执行写操作，同时单机的垂直扩展上限限制了系统的扩容能力。一旦达到单机的瓶颈，就无法支持更大规模的扩展系统服务能力。常见的解决方法是通过分拆集群来实现，但这需要开发者在业务层面进行一定的改动。

在分布式系统中，水平扩展的能力是衡量系统先进性的一个重要指标。本节将在现有系统的基础上，提供更强大的分片能力。我们将允许对用户的请求通过分片键进行分片，从而更有效地将写请求分发到不同的节点上。同时，对于查询请求，我们也将考虑到向量数据的特点进行适配，以确保在多分片的情况下也能按照用户的实际要求返回正确的结果。

5.4.1 配置集群的分片策略

```
配置集群的分片策略
├── 分片元数据结构
│   ├── key：/instancesConfig/{instanceId}/partitionConfig
│   └── value：一个 JSON 字符串，包含了分片配置信息
└── 分片管理接口
    ├── getPartitionConfig：获取分片配置信息
    └── updatePartitionConfig：更新分片配置信息
        ├── doUpdatePartitionConfig：构建分片信息并将其存储于 etcd
        └── 通过 HTTP 请求调用，更新分片配置信息
```

在实现集群的分片功能时，首要步骤是在元数据系统中存储我们的分片策略，以便让 MasterServer 管理与特定 InstanceId 相关联的分片策略。接着，通过 MasterServer 完成分片元数据的更新，并通过接口向外提供最新的元数据信息。

1. 分片元数据结构

为了有效标识当前系统的分片情况，我们设计了如下的分片元数据结构。

```
key: /instancesConfig/instance1/partitionConfig
value: {"partitionKey":"id", "numberOfPartitions":2, "partitions":[{"partitionId":0,"nodeId":"node123"},
{"partitionId":0,"nodeId":"node124"}, {"partitionId":1,"nodeId":"node125"}, {"partitionId":1,
"nodeId":"node126"}]}
```

具体来说，这个结构包含以下关键信息。

- key（键）：这个键唯一标识一个配置项，表明这是配置信息，属于 instance1 实例的分片配置。
- value（值）：值是一个 JSON 对象，包含分片配置的详细信息。JSON 对象中的字段定义了分片的规则。

- 分片数据键："partitionKey" 指定了用于分片的数据键，这里是 "id"。在分片算法中，这个键用于确定数据应该存储在哪个分片中。
- 分片数量："numberOfPartitions" 的值为 2，表明整个数据集被分成了两个分片。
- 分片列表："partitions" 是一个数组，列出了所有分片的信息。每个分片由一个对象组成，包含两个字段。"partitionId" 是分片的唯一标识符，这里的示例是 0 或 1，表示两个分片的分片 ID；"nodeId" 是存储该分片数据的节点的标识符，这里是 "node123"、"node124"、"node125" 或 "node126"。

在这个分片配置中，我们可以看到有两个分片，每个分片被分配给两个不同的节点。这样的配置使得系统在出现节点故障时仍然能够访问数据，并且可以通过增加分片数量来提高系统的处理能力和存储容量。

2. 分片管理接口

MasterServer 中新增了相关分片信息的获取和更新接口。

```
void getPartitionConfig(const httplib::Request& req, httplib::Response& res);
void updatePartitionConfig(const httplib::Request& req, httplib::Response& res);
```

其中 updatePartitionConfig 接口实现了接收开发者配置分片信息的请求，从请求中获取相关的分片参数，调用了内部的 doUpdatePartitionConfig，核心实现代码如下所示。

```
void MasterServer::doUpdatePartitionConfig(const std::string& instanceId, const std::string& partitionKey,
    int numberOfPartitions, const std::list<Partition>& partitions) {
    rapidjson::Document doc;
    doc.SetObject();
    rapidjson::Document::AllocatorType& allocator = doc.GetAllocator();
    // 设置分片键和分片数目
    doc.AddMember("partitionKey", rapidjson::Value(partitionKey.c_str(), allocator), allocator);
    doc.AddMember("numberOfPartitions", numberOfPartitions, allocator);
    // 设置分片配置信息
    rapidjson::Value partitionArray(rapidjson::kArrayType);
    for (const auto& partition : partitions) {
        rapidjson::Value partitionObj(rapidjson::kObjectType);
        partitionObj.AddMember("partitionId", partition.partitionId, allocator);
        partitionObj.AddMember("nodeId", rapidjson::Value(partition.nodeId.c_str(), allocator), allocator);
        partitionArray.PushBack(partitionObj, allocator);
    }
    doc.AddMember("partitions", partitionArray, allocator);
    // 将配置写入 etcd
    rapidjson::StringBuffer buffer;
    rapidjson::Writer<rapidjson::StringBuffer> writer(buffer);
    doc.Accept(writer);
    std::string etcdKey = "/instancesConfig/" + instanceId + "/partitionConfig";
    etcdClient_.set(etcdKey, buffer.GetString()).get();
    GlobalLogger->info("Updated partition config for instance {}", instanceId);
}
```

利用这个更新接口，MasterServer 将集群的分片信息存储到 etcd 存储系统中。

接着，我们通过 getPartitionConfig 函数提供了一个 HTTP 接口。这个 getPartitionConfig 接口访问 etcd 系统，并返回相关的分片信息。实现了这个接口后，我们可以使用以下命令从 MasterServer 获取分片配置。

```
请求：
curl "http://localhost:6060/getPartitionConfig?instanceId=instance1"
返回：
{"retCode":0,"msg":"Partition config retrieved successfully","data":{"partitionKey":"id",
    "numberOfPartitions":2,"partitions":[{"partitionId":0,"nodeId":"node123"},{"partitionId":0,
    "nodeId":"node124"},{"partitionId":1,"nodeId":"node125"},{"partitionId":1,"nodeId":"node126"}]}}
```

5.4.2　根据分片策略转发请求

```
根据分片策略转发请求
├── 分片信息更新
│   ├── startPartitionUpdateTimer：定时器触发更新
│   └── fetchAndUpdatePartitionConfig：执行更新分片信息
├── 转发请求优化
│   └── forwardRequest：根据分片键对应的值转发请求
├── 提取分片键
│   └── extractPartitionKeyValue：提取分片键对应的值
├── 无分片键请求广播
│   ├── broadcastRequestToAllPartitions：无分片键请求广播到所有分片
│   └── processAndRespondToBroadcast：处理广播响应并返回结果
└── 有分片键请求转发
    ├── calculatePartitionId：根据分片键对应的值计算分片 ID
    ├── selectTargetNode：选择相应目标节点
    └── forwardToTargetNode：将请求转发到目标节点
```

在 MasterServer 中成功管理了相关分片信息之后，我们接着在 ProxyServer 中根据这些分片信息进行客户端请求的分片转发。

1. 分片信息更新

首先，我们需要在 ProxyServer 中定期更新相关的分片信息。由于分片信息的更新频率不同于节点信息的更新频率——分片信息更新不那么频繁，我们选择单独启动一个异步线程来实现一个新的定时器。定时器 startPartitionUpdateTimer 的代码实现如下所示。

```cpp
void ProxyServer::startPartitionUpdateTimer() {
    std::thread([this]() {
        while (running_) {
            std::this_thread::sleep_for(std::chrono::minutes(5));
            fetchAndUpdatePartitionConfig(); // 调用函数更新分片配置
        }
    }).detach();
}
```

在定时器中我们调用了获取分片配置信息的实现函数 fetchAndUpdatePartitionConfig，其核心代码如下所示。

```
void ProxyServer::fetchAndUpdatePartitionConfig() {
    std::string url = "http://" + masterServerHost_ + ":" + std::to_string(masterServerPort_) +
        "/getPartitionConfig?instanceId=" + instanceId_;
    // 使用 libcurl 发送 HTTP GET 请求
    CURLcode curl_res = curl_easy_perform(curlHandle_);
    // 检查请求是否成功
    if (curl_res != CURLE_OK) {
        GlobalLogger->error("Failed to fetch partition config: {}", curl_easy_strerror(curl_res));
        return;
    }
    // 解析响应数据并更新 nodePartitions_ 数组
    rapidjson::Document doc;
    if (doc.Parse(response_data.c_str()).HasParseError()) {
        GlobalLogger->error("Failed to parse JSON response");
        return;
    }
    ... // 这里省略部分解析响应数据的异常处理代码
    int inactiveIndex = activePartitionIndex_.load() ^ 1; // 获取非活动节点数组的索引
    nodePartitions_[inactiveIndex].nodesInfo.clear(); // 清除非活动节点数组的数据
    nodePartitions_[inactiveIndex].partitionKey_ = doc["data"]["partitionKey"].GetString();
    // 获取 partitionKey 和 numberOfPartitions
    nodePartitions_[inactiveIndex].numberOfPartitions_ = doc["data"]["numberOfPartitions"].GetInt();
    // 填充 nodePartitions_[inactiveIndex] 数据
    const auto& partitionsArray = doc["data"]["partitions"].GetArray();
    for (const auto& partitionVal : partitionsArray) {
        int partitionId = partitionVal["partitionId"].GetInt();
        std::string nodeId = partitionVal["nodeId"].GetString();
        // 查找或创建新的 NodePartitionInfo
        auto it = nodePartitions_[inactiveIndex].nodesInfo.find(partitionId);
        if (it == nodePartitions_[inactiveIndex].nodesInfo.end()) {
            // 新建 NodePartitionInfo
            NodePartitionInfo newPartition;
            newPartition.partitionId = partitionId;
            nodePartitions_[inactiveIndex].nodesInfo[partitionId] = newPartition;
            it = std::prev(nodePartitions_[inactiveIndex].nodesInfo.end());
        }
        // 添加节点信息
        NodeInfo nodeInfo;
        nodeInfo.nodeId = nodeId;
        // nodeInfo.url 和 nodeInfo.role 需要从某处获取或者设定
        it->second.nodes.push_back(nodeInfo);
    }
    activePartitionIndex_.store(inactiveIndex); // 原子地切换活动节点数组索引
}
```

在 fetchAndUpdatePartitionConfig 函数中，我们通过向 MasterServer 服务发送 getPartitionConfig 请求来获取当前 InstanceId 对应的分片信息。获取到分片信息后，我们采用了双数组替换的方式来优化性能。具体操作是通过 activePartitionIndex_.load() ^ 1 获取当前未使用的分片配置数组元素，然后将最新的分片配置信息更新到该空闲的元素位置。分片配置更新完成后，再原子地将

inactiveIndex 的数值替换到 activePartitionIndex。这种方法和 5.2.2 节中更新节点信息的实现方法类似，能够提供更快的更新速度和更好的分区信息读取性能。

2. 转发请求优化

获取到这些分片信息后，我们需要结合分片配置信息来优化 forwardRequest 函数，核心代码实现如下所示。

```
void ProxyServer::forwardRequest(const httplib::Request& req, httplib::Response& res,
    const std::string& path) {
    std::string partitionKeyValue; // 提取分片键对应的值
    if (!extractPartitionKeyValue(req, partitionKeyValue)) { // 如果没找到，则将请求广播到所有分片
        GlobalLogger->debug("Partition key value not found, broadcasting request to all partitions");
        broadcastRequestToAllPartitions(req, res, path);
        return;
    }
    int partitionId = calculatePartitionId(partitionKeyValue); // 计算分片 ID
    NodeInfo targetNode; // 选择目标节点
    if (!selectTargetNode(req, partitionId, path, targetNode)) {
        res.status = 503; // 如果没找到适合的节点，返回 503 状态码
        res.set_content("No suitable node found for forwarding", "text/plain");
        return;
    }
    forwardToTargetNode(req, res, path, targetNode); // 将请求转发到目标节点
}
```

在该转发函数中，我们对转发过程进行了重构，并将其分为四个主要阶段。

❑ 阶段 1：从访问请求中提取分片键对应的值。

❑ 阶段 2.1：如果分片键不存在，则通过广播接口向所有分片进行转发。

❑ 阶段 2.2：如果分片键存在，则利用该分片键对应的值计算得到请求对应的分片 ID。

❑ 阶段 3：根据分片 ID，从潜在的转发节点中选择一个满足条件的目标节点。

❑ 阶段 4：将请求转发到实际的节点上，并返回执行结果。

3. 提取分片键

现在，让我们深入了解这几个阶段的代码实现细节。以阶段 1 的 extractPartitionKeyValue 函数为例，代码实现如下所示。

```
// 从请求中提取分片键对应的值
bool ProxyServer::extractPartitionKeyValue(const httplib::Request& req, std::string& partitionKeyValue) {
    GlobalLogger->debug("Extracting partition key value from request");
    rapidjson::Document doc; // 将请求体解析为 JSON
    if (doc.Parse(req.body.c_str()).HasParseError()) { // 如果解析失败，则记录错误并返回 false
        GlobalLogger->debug("Failed to parse request body as JSON");
        return false;
    }
    int activePartitionIndex = activePartitionIndex_.load(); // 获取当前活动分片索引
    const auto& partitionConfig = nodePartitions_[activePartitionIndex]; // 获取分片配置信息
```

```
    // 检查请求中是否包含分片键
    if (!doc.HasMember(partitionConfig.partitionKey_.c_str())) {
        // 如果没找到分片键, 则记录错误并返回 false
        GlobalLogger->debug("Partition key not found in request");
        return false;
    }
    const rapidjson::Value& keyVal = doc[partitionConfig.partitionKey_.c_str()]; // 获取分片键对应的值
    if (keyVal.IsString()) {
        // 如果分片键对应的值为字符串, 则直接赋值给 partitionKeyValue
        partitionKeyValue = keyVal.GetString();
    } else if (keyVal.IsInt()) {
        // 如果分片键对应的值为整数, 则转换为字符串并赋值给 partitionKeyValue
        partitionKeyValue = std::to_string(keyVal.GetInt());
    } else {
        // 如果分片键对应的值为其他类型, 则记录错误并返回 false
        GlobalLogger->debug("Unsupported type for partition key");
        return false;
    }
    // 记录成功提取的分片键对应的值并返回 true
    GlobalLogger->debug("Partition key value extracted: {}", partitionKeyValue);
    return true;
}
```

4. 无分片键请求广播

在阶段 1 中, 我们判断当前请求是否包含分片键。如果请求中没有分片键, 我们需要对相关请求进行广播, 即向所有分片转发请求。随后, 我们会聚合所有分片返回的结果, 并进行排序, 以便提供用户所需的实际结果。转发函数 broadcastRequestToAllPartitions 的实现如下。

```
void ProxyServer::broadcastRequestToAllPartitions(const httplib::Request& req, httplib::Response& res,
    const std::string& path) {
    rapidjson::Document doc; // 解析请求以获取 k 的值
    doc.Parse(req.body.c_str());
    if (doc.HasParseError() || !doc.HasMember("k") || !doc["k"].IsInt()) {
        res.status = 400;
        res.set_content("Invalid request: missing or invalid 'k'", "text/plain");
        return;
    }
    int k = doc["k"].GetInt();
    int activePartitionIndex = activePartitionIndex_.load();
    const auto& partitionConfig = nodePartitions_[activePartitionIndex];
    std::vector<std::future<httplib::Response>> futures;
    std::unordered_set<int> sentPartitionIds;

    for (const auto& partition : partitionConfig.nodesInfo) {
        int partitionId = partition.first;
        if (sentPartitionIds.find(partitionId) != sentPartitionIds.end()) {
            // 如果已经发送过请求, 跳过
            continue;
        }

        futures.push_back(std::async(std::launch::async, &ProxyServer::sendRequestToPartition, this, req,
            path, partition.first));
```

```
        sentPartitionIds.insert(partitionId); // 发送请求后,将分片 ID 添加到已发送的集合中
    }
    // 收集和处理响应
    std::vector<httplib::Response> allResponses;
    for (auto& future : futures) {
        allResponses.push_back(future.get());
    }

    processAndRespondToBroadcast(res, allResponses, k); // 处理响应,包括排序和提取最多 k 个结果
}
```

实际转发的函数构造了相关的请求包体,sendRequestToPartition 函数的实现如下所示。

```
httplib::Response ProxyServer::sendRequestToPartition(const httplib::Request& originalReq,
    const std::string& path, int partitionId) {
    NodeInfo targetNode; // 选择目标节点
    if (!selectTargetNode(originalReq, partitionId, path, targetNode)) {
        // 如果未能选择目标节点,则返回响应状态码为 503 的响应对象
        httplib::Response httpResponse;
        httpResponse.status = 503;
        return httpResponse;
    }
    std::string targetUrl = targetNode.url + path; // 构建目标 URL
    CURL* curl = curl_easy_init();
    ... // 这里省略通过 cURL 执行转发的代码
    return httpResponse;
}
```

该转发函数使用了一个通过分片 ID 选取对应转发目标节点的函数,该函数使用到的 selectTargetNode 部分将在本节后文中进行介绍。

回到广播函数的实现,该函数会向系统中所有分片节点广播请求。请求以异步方式发送给多个节点。当收到多个节点的响应时,我们通过 processAndRespondToBroadcast 函数处理这些结果,将所有结果进行排序,然后返回满足条件的前 k 个结果。processAndRespondToBroadcast 函数的实现代码如下所示。

```
void ProxyServer::processAndRespondToBroadcast(httplib::Response& res, const std::vector<httplib::Response>&
    allResponses, uint k) {
    struct CombinedResult {
        double distance;
        double vector;
    };
    std::vector<CombinedResult> allResults;
    // 解析并合并响应
    for (const auto& response : allResponses) {
        if (response.status == 200) {
            rapidjson::Document doc;
            doc.Parse(response.body.c_str());
            if (!doc.HasParseError() && doc.IsObject() && doc.HasMember("vectors") &&
                doc.HasMember("distances")) {
                const auto& vectors = doc["vectors"].GetArray();
```

```
                const auto& distances = doc["distances"].GetArray();
                for (rapidjson::SizeType i = 0; i < vectors.Size(); ++i) {
                    CombinedResult result = {distances[i].GetDouble(), vectors[i].GetDouble()};
                    allResults.push_back(result);
                }
            }
        }
    }
    // 对 allResults 根据 distances 排序
    std::sort(allResults.begin(), allResults.end(), [](const CombinedResult& a, const CombinedResult& b) {
        return a.distance < b.distance; // 以 distance 作为排序的关键字
    });
    // 提取最多 k 个结果
    if (allResults.size() > k) {
        allResults.resize(k);
    }
    // 构建最终响应
    rapidjson::Document finalDoc;
    finalDoc.SetObject();
    rapidjson::Document::AllocatorType& allocator = finalDoc.GetAllocator();
    rapidjson::Value finalVectors(rapidjson::kArrayType);
    rapidjson::Value finalDistances(rapidjson::kArrayType);
    for (const auto& result : allResults) {
        finalVectors.PushBack(result.vector, allocator);
        finalDistances.PushBack(result.distance, allocator);
    }
    finalDoc.AddMember("vectors", finalVectors, allocator);
    finalDoc.AddMember("distances", finalDistances, allocator);
    finalDoc.AddMember("retCode", 0, allocator);
    rapidjson::StringBuffer buffer;
    rapidjson::Writer<rapidjson::StringBuffer> writer(buffer);
    finalDoc.Accept(writer);
    res.set_content(buffer.GetString(), "application/json");
}
```

在 processAndRespondToBroadcast 函数中，我们遍历从多个节点返回的查询结果，并通过 distances 元素进行集中排序，以得到最终满足条件的前 k 个元素，然后将这些结果返回给客户端。

5. 有分片键请求转发

现在，我们分析分片键在请求中存在的情况。首先，我们获取到该分片键对应的值，通过 calculatePartitionId 函数来计算该值对应的分片 ID。具体的代码实现如下。

```
int ProxyServer::calculatePartitionId(const std::string& partitionKeyValue) {
    GlobalLogger->debug("Calculating partition ID for key value: {}", partitionKeyValue);
    int activePartitionIndex = activePartitionIndex_.load();
    const auto& partitionConfig = nodePartitions_[activePartitionIndex];
    // 使用哈希函数处理 partitionKeyValue
    std::hash<std::string> hasher;
    size_t hashValue = hasher(partitionKeyValue);
    // 使用哈希值计算分片 ID
    int partitionId = static_cast<int>(hashValue % partitionConfig.numberOfPartitions_);
```

```
    GlobalLogger->debug("Calculated partition ID: {}", partitionId);
    return partitionId;
}
```

在该函数中，我们首先将分片 ID 对应的值通过哈希算法转换成一个哈希值（hashValue）。接着，我们用这个哈希值对分片的总数进行取模操作，由此得到的整数即为该请求应转发的分片 ID。

一旦得到分片 ID，我们便利用 selectTargetNode 函数来选择相应的目标节点进行转发。selectTargetNode 函数的实现如下所示。

```
bool ProxyServer::selectTargetNode(const httplib::Request& req, int partitionId, const std::string& path,
    NodeInfo& targetNode) {
    GlobalLogger->debug("Selecting target node for partition ID: {}", partitionId); // 打印日志，选择目标节点
    // 检查是否需要强制转发到主节点
    bool forceMaster = req.has_param("forceMaster") && req.get_param_value("forceMaster") == "true";
    // 获取活动节点数组的索引
    int activeNodeIndex = activeNodesIndex_.load();
    // 获取活动分片配置
    const auto& partitionConfig = nodePartitions_[activePartitionIndex_.load()];
    // 获取分片节点信息
    const auto& partitionNodes = partitionConfig.nodesInfo.find(partitionId);
    // 如果没有找到分片节点信息，则记录错误并返回
    if (partitionNodes == partitionConfig.nodesInfo.end()) {
        GlobalLogger->error("No nodes found for partition ID: {}", partitionId);
        return false;
    }
    // 获取所有可用的节点
    std::vector<NodeInfo> availableNodes;
    for (const auto& partitionNode : partitionNodes->second.nodes) {
        // 查找节点信息
        auto it = std::find_if(
            nodes_[activeNodeIndex].begin(),
            nodes_[activeNodeIndex].end(),
            [&partitionNode](const NodeInfo& n) { return n.nodeId == partitionNode.nodeId; }
        );
        // 如果找到节点信息，则将其添加到可用节点列表中
        if (it != nodes_[activeNodeIndex].end()) {
            availableNodes.push_back(*it);
        }
    }
    // 如果没有可用节点，则记录错误并返回
    if (availableNodes.empty()) {
        GlobalLogger->error("No available nodes for partition ID: {}", partitionId);
        return false;
    }

    if (forceMaster || writePaths_.find(path) != writePaths_.end()) {
        for (const auto& node : availableNodes) {
            if (node.role == 0) {
                targetNode = node;
                return true;
            }
        }
    }
```

```
    GlobalLogger->error("No master node available for partition ID: {}", partitionId);
    return false;
} else {
    size_t nodeIndex = nextNodeIndex_.fetch_add(1) % availableNodes.size();
    targetNode = availableNodes[nodeIndex];
    return true;
}
}
```

在确定后端转发目标节点（targetNode）的逻辑方面，我们沿用了与之前类似的方法。首先，从所有候选节点中筛选出与当前转发任务的目标节点 ID 匹配的节点，并将它们存储到 availableNodes 列表中。然后，我们根据请求的路径分析其为读请求还是写请求，并依据读写分离的逻辑选择合适的节点。同时，我们也考虑到了 forceMaster 参数的场景。

最终，我们获得了一个满足条件的目标节点信息，并将其交由 forwardToTargetNode 函数执行转发任务。该函数的实现细节如下所示。

```
void ProxyServer::forwardToTargetNode(const httplib::Request& req, httplib::Response& res,
    const std::string& path, const NodeInfo& targetNode) {
    GlobalLogger->debug("Forwarding request to target node: {}", targetNode.nodeId);
    // 构建目标 URL
    std::string targetUrl = targetNode.url + path;
    GlobalLogger->info("Forwarding request to: {}", targetUrl);
    // 执行 cURL 请求
    ... // 这里省略后续通过 cURL 执行转发的代码
}
```

该函数利用 cURL 完成对目标接口的请求。在收到后端节点的响应后，它填充并返回结果给客户端。这样，我们的 ProxyServer 完成了根据 MasterServer 中配置的分片信息进行转发的全部功能。对于不带分片键的请求，我们采用广播方式向系统的每个分片发起请求；而对于带分片键的请求，我们直接根据分片规则将其转发至相应的分片，并将得到的结果返回给客户端。

▶ 版本升级 v0.6

至此，我们定义了支持分片规则的 v0.6。这个版本通过优化 MasterServer 模块实现了支持配置分片信息，同时优化了 ProxyServer 以支持基于分片的请求转发。表 5-5 展示了 v0.6 更新的模块和引入的功能。

表 5-5 v0.6 更新的模块和引入的功能

模块名称	涉及文件	描述
MasterServer	master_server.h master_server.cpp	在 MasterServer 中新增了集群分片信息管理功能
ProxyServer	proxy_server.h proxy_server.cpp	在 ProxyServer 中支持了基于集群分片信息进行请求转发的功能

5.5 小结

在本章中，我们在先前实现的单机向量数据库的基础上继续扩展了以下关键功能。

- **主从数据复制**

我们探讨了业界常用的分布式 Raft 协议，并了解了一个开源的轻量级实现方案——NuRaft。由 eBay 团队实现的 NuRaft 框架提供了基于 Raft 协议的数据复制和节点选举功能。借助这些功能，我们将 VdbServer 从单机版本扩展到支持主从架构的版本。在这个阶段，我们实现了主节点和从节点之间的数据复制，并将这些日志信息提交到系统中。此时，我们的系统已经形成了一个分布式体系，在单节点故障时能完成主节点的重新选举，从节点可以继续作为主节点工作。

- **元数据管理模块 MasterServer**

这一阶段的主节点和从节点都是独立对外提供服务的，外部系统难以感知当前谁是主节点，谁是从节点。因此，我们的系统需要一个元数据管理模块来统一管理这些信息。我们及时引入了一个新模块——MasterServer，该模块基于 etcd 的分布式存储能力，将系统的元数据配置持久化到 etcd 中，并提供 HTTP 接口，方便其他系统获取当前的元数据信息。

- **代理模块 ProxyServer**

为了让开发者更容易访问 VdbServer，我们在系统中引入了一个统一的代理模块——ProxyServer。ProxyServer 定期从 MasterServer 获取每个节点的元数据，并能感知后端节点谁是主节点，谁是从节点。基于这些信息，ProxyServer 实现了读写分离和强制主节点读取功能。通过这些功能，我们的系统易用性得到了进一步提升。

- **分片策略**

最后，为了解决单节点写入时的扩展性问题，我们引入了分片策略。MasterServer 掌握了当前实例的分片配置。基于这个配置，ProxyServer 可以根据请求中是否包含分片键来进行转发。对于不带分片键的请求，ProxyServer 采用广播到所有分片后聚合请求的方式返回最终结果；对于带分片键的请求，则基于系统配置的分片规则将请求转发到实际分片执行。

通过本章的优化，VdbServer 已经完成了从单机向量数据库到分布式向量数据库的架构演进，初步具备了分布式系统应有的容灾能力和扩展性。图 5-5 展示了该版本的分布式架构。

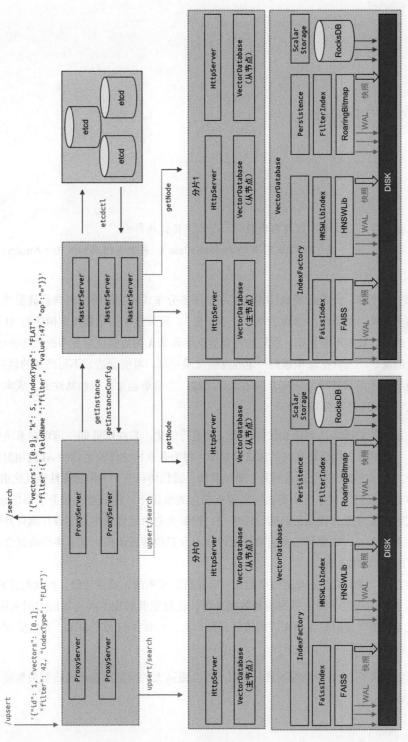

图 5-5　v0.6 向量数据库分布式架构图

第 6 章

优化向量数据库

> 我们往往高估一项技术在短期内的影响，而低估其长期影响。
>
> ——"阿马拉定律"（Amara's law），罗伊·阿马拉（Roy Amara）

经过前面章节的工作，我们已经成功构建了一个具备分布式和容灾特性的向量数据库，它能够满足开发者的初步需求。然而，AI 技术发展"一日千里"，随着基于向量数据库构建的 AI 原生应用越来越多，底层的向量数据不断累积，我们的向量数据库未来无疑需要应对更多的大规模运营场景。如果我们不能提前规划，当数据量积累到一定程度引发质变时，可能会造成不可预计的损失。因此，我们需要在向量数据库的设计阶段就充分考虑优化问题。为简单起见，我们从性能、成本和易用性三个方向来优化当前的向量数据库。

- □ 在性能方面，我们通常从硬件和软件两个层面进行优化，旨在降低同一请求在系统中的全链路延迟。一个具备更低链路延迟的向量数据库，将为企业构建体验更佳的 AI 应用提供更好的基础支持。本章主要从优化向量计算、查询算法、通信协议三个方向探索性能优化措施。
- □ 在成本方面，我们的目标是在提供同等服务能力的前提下，降低整个服务层面的运营成本。向量数据库要服务更大规模的终端应用客户，控制企业的运营成本是实现长期可持续商业模式的关键要素之一。本章将结合当前系统的技术方案和部署架构，学习多模块混合部署和单节点部署的成本优化思路。
- □ 在易用性方面，我们关注的是通过全面增强向量数据库系统，提供无缝、高效的开发者体验，使企业能够专注于自己的业务逻辑和数据分析，花费更低的成本和更短的时间来构建 AI 应用，而无须花费大量时间在数据库的管理和操作上。本章我们通过 SDK、访问鉴权和数据备份来提升数据库的易用性。

这些优化可能只覆盖 20% 的极端场景，但对于构建更强大的向量数据库而言至关重要，需要我们耐心地逐步完成。

本章将从这三个方向展开，旨在构建面向未来的向量数据库，为服务更大规模业务场景的终端客户提供优化思路。需要注意的是，在本章中，我们在每个方向上的优化都比较基础和简单。要打造强大的向量数据库，在本书之余，还需要在这三个方向上持续进行优化，并将更多因素纳入考量。如对此感兴趣，你可以在本章的思路基础上进一步探索。

6.1 性能优化

软件系统的性能通常体现在其处理请求的整体延迟上。降低延迟能够显著提升终端用户的体验，并为企业扩展业务带来更多可能。特别是对于在线系统，终端用户的一次操作往往需要多次请求后端数据库服务，如果这个 AI 应用背后的数据存储是基于向量数据库的，那向量数据库的响应速度将直接关联终端用户的使用体验。

软件开发行业有一种说法："硬件进步一年，软件进步三年。"可以理解为硬件层面一年的迭代优化效果可能比软件层面花费三年才能达到的效果更好。因此，本节将首先探讨如何更好地利用硬件资源，以提高系统性能。在硬件优化的基础上，我们将进一步分析现有的软件架构，并在软件层面实施优化措施。我们的目标是在硬件和软件两个层面都实现性能提升，以此来优化整个系统的性能。本节主要从优化向量计算、查询算法、通信协议三个方向探索性能优化措施。

6.1.1 利用指令集优化向量计算

从 1.1.3 节我们了解到，为计算两个向量的相似度，系统会进行大量的向量计算，包括余弦、内积和欧氏距离等。这些计算会消耗大量的 CPU 资源，是系统资源开销最大的部分之一。如果我们能利用 CPU 的特定指令集进行优化，就有可能为系统带来显著的性能提升。

行业内主流 CPU 厂商通常会提供单指令多数据（single-instruction multiple-data，SIMD）指令集。以 AVX-512 指令集为例，其具备 512 位的寄存器宽度以及两个 512 位的融合乘加（fused multiply-add，FMA）单元。这些特性使得 AVX-512 能够高效地并行执行大量运算，例如可以一次性加载多个浮点数进行并行计算。

假设向量数据类型为 32 位的单精度浮点数，利用 AVX-512 指令集，我们可以在进行向量数据相似度计算时，一次性将查询向量 A 的 16 个维度和向量数据库中存储的向量 B 的 16 个维度加载到相关寄存器中，实现这 16 个维度的并行计算。理论上，这种方式大大提高了计算效率和并行度，从而可以显著提升整个数据库的性能。

以下是利用 AVX-512 指令集优化向量相似度（欧氏距离 L2）计算函数的代码实现。

```
static float L2SqrSIMD16ExtAVX512(const void *pVect1v, const void *pVect2v, const void *qty_ptr) {
    float *pVect1 = (float *) pVect1v; // 将输入指针转换为 float 类型的指针
    float *pVect2 = (float *) pVect2v;
    size_t qty = *((size_t *) qty_ptr); // 获取向量数量
    float PORTABLE_ALIGN64 TmpRes[16]; // 定义临时存储结果的数组
    size_t qty16 = qty >> 4; // 计算向量数量的十六分之一
    const float *pEnd1 = pVect1 + (qty16 << 4); // 计算循环结束的地址
    __m512 diff, v1, v2; // 定义 AVX-512 寄存器变量
    __m512 sum = _mm512_set1_ps(0); // 初始化向量差的平方总和为 0
    while (pVect1 < pEnd1) { // 循环遍历向量数据，每次处理 16 个元素
        v1 = _mm512_loadu_ps(pVect1); // 加载第一个向量数据
        pVect1 += 16; // 将指针移动到下一组 16 个元素的位置
        v2 = _mm512_loadu_ps(pVect2); // 加载第二个向量数据
        pVect2 += 16;
        diff = _mm512_sub_ps(v1, v2); // 计算向量差
        sum = _mm512_add_ps(sum, _mm512_mul_ps(diff, diff)); // 计算差的平方，并累加到向量差的平方总和中
    }
    _mm512_store_ps(TmpRes, sum); // 将向量差的平方总和存储到临时数组中
    // 将临时数组中的 16 个向量差的平方总和进行累加，得到最终的相似度计算结果
    float res = TmpRes[0] + TmpRes[1] + TmpRes[2] + TmpRes[3] + TmpRes[4] + TmpRes[5] + TmpRes[6] +
        TmpRes[7] + TmpRes[8] + TmpRes[9] + TmpRes[10] + TmpRes[11] + TmpRes[12] + TmpRes[13] +
        TmpRes[14] + TmpRes[15];
    return (res); // 返回最终结果
}
```

这段代码利用 AVX-512 指令集的强大能力，通过 SIMD 并行计算和优化的算法，实现了高效的向量相似度（欧氏距离 L2）计算，我们知道欧氏距离 L2 需要计算向量各个维度之间差值的平方再求和。通过使用并行加载函数（_mm512_loadu_ps）、并行求差函数（_mm512_sub_ps）、并行求积函数（_mm512_mul_ps）和并行求和函数（_mm512_add_ps），我们能够一次并行处理 16 个浮点数，计算出这组 16 个浮点数差的平方之和。接下来，利用 _mm512_store_ps 将这 16 个浮点数转存到一个结果数组中。最后，累加这个结果数组中的 16 个元素，从而得到最终的欧氏距离 L2 的结果。

值得注意的是，这里仅以 AVX-512 作为示例。你可以根据实际的硬件资源情况进行代码编写和效果验证。这种方法的实际应用和效果可能会因不同的硬件配置而有所不同。

6.1.2　优化查询算法

虽然结合硬件的优化能够迅速带来显著的性能提升，但硬件的更新和迭代通常远慢于软件。此外，由于软件易于分发，我们可以持续地根据实际应用场景在软件层面进行快速迭代。这样的优化效果能迅速交付给客户，从而提升客户体验。

分析我们之前构建的向量数据库查询引擎，我们实现了结合位图和向量相似度的混合查询功能。这项功能允许开发者在查询特定向量时，仅比较符合特定过滤标签的向量，实现精细化的向量查询。

以这样一个场景为例：我们拥有一个包含 1000 万个样本的人口向量数据集合，每个向量代表一个居民的指纹，并存储了居民所属的小区信息。现在，我们需要查询一个指纹向量，判断它是否与 A 小区居民的指纹高度相似（假设 A 小区有 1000 位居民）。基于之前的实现，我们首先获取属于这个小区的所有向量 ID 的位图，然后将这些位图传递给向量查询引擎。在查询过程中，我们过滤掉不满足条件的向量 ID，实际查询仍然在 1000 万个向量数据中进行。

在软件层面，这里存在一定的优化空间。由于我们构建的位图精细到小区级别，满足条件的向量 ID 已经缩减到 1000 个。因此，我们可以优化查询策略：在内存中逐一计算待查询向量与这 1000 个向量的相似度，最终仅保留目标结果向量。这种方法不需要在 1000 万个向量中进行查询。

这种方法在向量数据库查询引擎中被称为"查询进化"，即根据不同的数据规模采用不同的查询算法。以下是在内存中实现查询最近邻向量的代码。

```cpp
// VectorSimilarity 类提供向量相似度计算的功能
class VectorSimilarity {
public:
    // 定义一个枚举类型 MetricType，用于指定不同的相似度计算函数
    enum class MetricType { COSINE, INNER_PRODUCT, EUCLIDEAN };
    // 静态函数，计算两个向量之间的相似度
    static float compute_similarity(const std::vector<float>& v1, const std::vector<float>& v2,
        MetricType metric) {
        switch (metric) { // 根据 metric 的值选择相应的相似度计算函数
            case MetricType::COSINE:
                return cosine_similarity(v1, v2); // 计算并返回余弦相似度
            case MetricType::INNER_PRODUCT:
                return inner_product(v1, v2); // 计算并返回内积
            case MetricType::EUCLIDEAN:
                return -euclidean_distance(v1, v2); // 计算并返回欧氏距离的负值
            default:
                // 如果 metric 不是有效的度量类型，则抛出异常
                throw std::invalid_argument("Unknown metric type");
        }
    }
    // 静态函数，寻找与目标向量最相似的 k 个向量
    static std::vector<std::pair<float, int>> find_top_k_similar_vectors(
        const std::vector<float>& target_vector,
        const std::vector<std::vector<float>>& vectors,
        int k,
        MetricType metric
    ) {
        std::priority_queue<std::pair<float, int>> pq; // 使用优先队列（最大堆）来存储 k 个最相似向量
        // 遍历所有向量，计算与目标向量的相似度，并加入优先队列
        for (int i = 0; i < vectors.size(); ++i) {
            float similarity = compute_similarity(target_vector, vectors[i], metric);
            pq.push(std::make_pair(similarity, i)); // 将相似度和索引作为一对值加入队列
            if (pq.size() > k) {
                pq.pop(); // 如果队列的大小超过 k，移除顶部元素
            }
        }
```

```
        std::vector<std::pair<float, int>> top_k; // 存储 k 个最近邻向量的动态数组
        // 从优先队列中取出所有元素, 按相似度降序存储到动态数组中
        while (!pq.empty()) {
            top_k.push_back(pq.top());
            pq.pop();
        }
        // 反转动态数组的顺序, 使得相似度最高的向量排在最前面
        std::reverse(top_k.begin(), top_k.end());
        return top_k;
    }
private:
    // 计算并返回两个向量的余弦相似度
    static float cosine_similarity(const std::vector<float>& v1, const std::vector<float>& v2) {
        float inner_product = 0.0f, norm_v1 = 0.0f, norm_v2 = 0.0f;
        // 计算两个向量的内积和它们的范数
        for (size_t i = 0; i < v1.size(); ++i) {
            inner_product += v1[i] * v2[i];
            norm_v1 += v1[i] * v1[i];
            norm_v2 += v2[i] * v2[i];
        }
        return inner_product / (sqrt(norm_v1) * sqrt(norm_v2)); // 根据余弦相似度公式计算结果
    }
    // 计算并返回两个向量的内积
    static float inner_product(const std::vector<float>& v1, const std::vector<float>& v2) {
        float result = 0.0f;
        for (size_t i = 0; i < v1.size(); ++i) {
            result += v1[i] * v2[i];
        }
        return result;
    }
    // 计算并返回两个向量的欧氏距离
    static float euclidean_distance(const std::vector<float>& v1, const std::vector<float>& v2) {
        float result = 0.0f;
        for (size_t i = 0; i < v1.size(); ++i) {
            result += (v1[i] - v2[i]) * (v1[i] - v2[i]);
        }
        return sqrt(result);
    }
};
#endif // IN_MEM_VECTOR_SIMILARITY_H
```

从代码中可以看出, VectorSimilarity 类实现了 find_top_k_similar_vectors 函数, 从而实现从一个向量列表中找到与待查询向量最近邻的 k 个向量的功能。VectorSimilarity 的核心成员如下所示。

☐ 枚举 MetricType: 用于确定相似度度量的类型, 包括余弦相似度、内积和欧氏距离。

☐ 成员函数 compute_similarity: 用于计算两个向量之间的相似度。其根据传入的度量类型, 选择相应的相似度计算函数, 并返回相似度值。

☐ 函数 find_top_k_similar_vectors: 用于找到与目标向量最相似的前 k 个向量。它通过优先队列 (最大堆) 存储当前找到的最相似的 k 个向量, 每次计算一个新向量与目标向量的相似度时, 如果队列已满, 则移除最不相似的向量, 最终返回存储最相似的 k 个向量的动态数组。

❑ 内部静态私有函数 cosine_similarity、inner_product 和 euclidean_distance：用于计算不同度量类型下的相似度，分别实现了余弦相似度、内积和欧氏距离的计算函数。

如对此感兴趣，你可以尝试将这个函数与 4.2.3 节实现的混合查询策略相结合。例如，设置一个查询优化的条件，当位图的记录少于 1000 条时，切换到内存匹配模式。把这种"查询进化"应用到我们基于 FAISS 或 HNSWLib 构建的大规模索引，能够带来明显的性能提升。

6.1.3 优化通信协议

除了向量查询效率外，在我们的系统中引入 ProxyServer 之后，ProxyServer 和后端的 VdbServer 之间的数据报文转发效率同样是影响系统整体性能的关键因素之一。

目前版本采用了 HTTP 进行两个模块之间的通信。HTTP 因其高可读性和开发过程中便于调试而备受青睐，但由于该协议本身不是性能最优方案，我们考虑使用更高性能的通信协议来优化这部分的传输效率。

在分布式系统内部通信的高性能需求下，应用层的 RPC（remote procedure call，远程过程调用）协议常被选用。行业内常见的协议包括谷歌开源的 gRPC、腾讯开源的 tRPC、百度开源的 bRPC 等。开发者可以基于自己项目的实际情况，从性能、接口易用性、生态支持等方面选择适合自己的 RPC 框架。以下部分代码示例基于 gRPC 框架，展示了对 ProxyServer 和 VdbServer 的改造过程。改造需要在 VdbServer 和 ProxyServer 中同时进行，主要包括以下四个步骤。

第一步，定义 gRPC 服务（.proto 文件）。

```
syntax = "proto3";
package vdb;
service VectorDatabaseService {
    // 定义一个客户端流式 RPC，用于向数据库写入或更新向量数据
    rpc Upsert(stream UpsertRequest) returns (UpsertResponse) {}
}
message UpsertRequest {
    uint64 id = 1; // 向量的唯一标识符
    repeated float vectors = 2; // 要写入或更新的向量数据
    string indexType = 3; // 索引类型，可选字段，用于指定向量在数据库中的索引方式
}
message UpsertResponse {
    int32 retCode = 1; // 返回码，表示操作结果，0 表示成功，其他值表示失败
    string errorMsg = 2; // 错误消息，可选字段，仅在操作失败时包含错误信息
}
```

第二步，实现 gRPC 服务端。

这一步骤要求使用 Protocol Buffers 编译器（protoc）来处理之前创建的 .proto 文件，并将其转换成 C++ 源码，具体来说就是生成 VectorDatabaseService 的定义文件。随后，我们根据这个已经定义

好的文件来实现 gRPC 的服务端。

```
class VectorDatabaseServiceImpl final : public VectorDatabaseService::Service {
public:
    // 实现 Upsert RPC 函数
    grpc::Status Upsert(grpc::ServerContext* context, grpc::ServerReader<UpsertRequest>* reader,
        UpsertResponse* response) override {
        UpsertRequest request;
        // 循环读取客户端流中的每个请求
        while (reader->Read(&request)) {
            // 在此处处理每个请求，例如向数据库写入或更新向量数据，这里省略了调用 upsert 的入参
            vector_database_->upsert(...);
        }
        response->set_retcode(0); // 设置响应码（0 表示成功）
        return grpc::Status::OK; // 返回状态，OK 代表正常
    }
};
```

第三步，启动 gRPC 服务端。

```
void RunServer() {
    std::string server_address("0.0.0.0:50051");
    VectorDatabaseServiceImpl service;
    grpc::ServerBuilder builder;
    builder.AddListeningPort(server_address, grpc::InsecureServerCredentials());
    builder.RegisterService(&service);
    std::unique_ptr<grpc::Server> server(builder.BuildAndStart());
    std::cout << "Server listening on " << server_address << std::endl;
    server->Wait();
}
```

主要过程如下所示。

(1) 指定服务器地址为 0.0.0.0:50051，表示在本地所有网络接口上监听端口 50051。

(2) 创建一个名为 VectorDatabaseServiceImpl 的实例作为服务的实现。

(3) 使用 grpc::ServerBuilder 类创建一个服务器构建器 builder，并通过 AddListeningPort 将服务器地址和安全凭据传递给构建器。这里使用了不安全的服务器凭据来添加监听端口，在生产环境中请勿这样做。

(4) 通过 RegisterService 方法将服务对象注册到构建器中。

(5) 调用 BuildAndStart 构建并启动服务器，将服务器地址输出到控制台，表示服务器正在监听。

(6) 调用 server->Wait()，使服务器处于等待客户端连接的状态。

第四步：修改 ProxyServer，启用 gRPC 客户端。

```
void ForwardUpsertRequests() {
    // 创建 gRPC 客户端通道
    auto channel = grpc::CreateChannel("vdbServer_address:50051", grpc::InsecureChannelCredentials());
    // 创建实例
    std::unique_ptr<VectorDatabaseService::Stub> stub_ = VectorDatabaseService::NewStub(channel);
    grpc::ClientContext context; // 创建客户端上下文和响应对象
```

```
UpsertResponse response;
auto stream = stub_->Upsert(&context, &response); // 创建流式 RPC
for (...) { // 发送多个请求，这里省略了遍历请求的代码
    UpsertRequest request;
    ... // 这里省略了填充请求数据的部分代码
    if (!stream->Write(request)) {
        break; // 处理写入错误
    }
}
stream->WritesDone(); // 关闭写入流
grpc::Status status = stream->Finish(); // 完成流式 RPC，获取状态
if (!status.ok()) {
    ... // 处理错误
}
}
```

通过以上四个步骤，我们成功地为 VdbServer 实现了一个 gRPC 服务端。这使得 ProxyServer 能够通过 gRPC 协议，以长连接方式持续地向 VdbServer 发送多个请求。与基于 HTTP 的方案相比，基于 gRPC 的实现在性能上具有明显优势。如对此感兴趣，你可以在这个框架的基础上，对 ProxyServer 和 VdbServer 进行进一步的改造和优化。

6.1.4　自定义基准测试工具

```
自定义基准测试工具
├── 关键系统指标
│   ├── 访问延迟：p99 延迟和平均延迟
│   ├── 吞吐量：系统处理能力
│   └── 召回率：查询准确性
├── 准备测试数据
│   └── generateTestDataBoth 函数
├── 执行测试动作
│   └── performOperation 函数
└── 计算测试指标
    └── executeBenchmark 函数
```

1. 关键系统指标

为了持续优化向量数据库的性能，我们首先需要准确评估系统当前的性能状况。这一过程依赖对性能数据的监控与分析，并需要考虑实际业务需求。在向量数据库领域，性能优化通常聚焦在三个关键的系统指标上：访问延迟、吞吐量和召回率，我们在 3.1.3 节已经介绍过这三个指标了，这里简单回顾一下关键信息。

❑ 访问延迟：反映向量数据库处理某个请求所需的时间。为了更为精确地评估系统的性能，我们通常还会统计 p99 延迟和平均延迟。p99 延迟指的是在一系列请求中，99% 的请求的响应时间都低于这个延迟。平均延迟指的是一系列请求的平均响应时间，即所有请求的响应时间之和除以请求数量。

❑ 吞吐量：衡量单位时间内向量数据库可以处理的请求总数，通常以每秒处理请求数（QPS）来衡量。在资源满负载的情况下，吞吐量可以反映系统的极限处理能力。

❑ 召回率：衡量向量数据库查询准确性的关键指标，指向量数据库实际返回的最相似的向量数与数据库中存储的实际相似向量总数之比。这一指标是向量数据库与其他传统数据库的主要区别之一。不同的召回率与延迟和实例吞吐量紧密相关。更高的召回率通常意味着更高的资源消耗。

在数据库领域，基准测试（benchmark）是一种评估和比较不同数据库管理系统性能的方法。它通过模拟特定的工作负载来量化数据库系统的性能指标，如事务处理速度、查询响应时间、系统吞吐量等。基准测试通常遵循一定的标准或规范，以确保测试结果的可比性和公正性。基准测试可以是基于行业标准的，也可以是自定义的。例如在传统数据库领域，它们通常由事务处理性能委员会（Transaction Processing Performance Council，TPC）或其他组织定义。在向量数据库领域，当前测试标准尚未统一，企业需要结合与业务相关性最强的向量数据库指标来设计测试工具和测试用例集合。

自定义基准测试工具主要包括准备测试数据、执行测试动作和计算测试指标这三个核心部分，接下来我们分别进行开发实现。

2. 准备测试数据

以下是一个用于生成测试数据的函数 generateTestDataBoth 的核心实现代码。

```cpp
std::pair<std::vector<Document>, std::vector<Document>> generateTestDataBoth(int numberOfRequests,
  int dim) {
  std::vector<Document> writeData; // 创建向量，用于存储写入数据的 Document 对象
  std::vector<Document> readData; // 创建向量，用于存储读取数据的 Document 对象
  std::random_device rd; // 初始化随机数生成器
  std::mt19937 gen(rd());
  std::uniform_real_distribution<> dis(0.0, 1.0); // 定义一个在 [0.0, 1.0) 区间内生成均匀随机数的分布
  for (int i = 0; i < numberOfRequests; ++i) { // 循环生成指定数量的请求
    std::vector<double> readVectorValues; // 创建一个空向量，用于存储读取向量的值
    for (int j = 0; j < dim; ++j) { // 为读取向量生成 dim 个随机值
      readVectorValues.push_back(dis(gen));
    }
    // 创建一个包含读取向量的 Document 对象
    Document readDoc = createDocumentWithVector(readVectorValues);
    // 向读取 Document 对象添加 id、k 和 indexType 成员
    readDoc.AddMember("id", i, readDoc.GetAllocator());
    readDoc.AddMember("k", 5, readDoc.GetAllocator());
    readDoc.AddMember("indexType", "FLAT", readDoc.GetAllocator());
    // 将读取 Document 对象添加到 readData 向量中
    readData.push_back(std::move(readDoc));
    // 循环生成 5 个写入操作的数据
    for (int writeCount = 0; writeCount < 5; ++writeCount) {
      // 创建一个空向量，用于存储写入向量的值
      std::vector<double> writeVectorValues;
      // 为写入向量生成 dim 个随机偏移值
      for (double val : readVectorValues) {
```

```
                double offset = dis(gen) * 0.002 - 0.001;
                writeVectorValues.push_back(val + offset);
            }
            // 创建一个包含写入向量的 Document 对象
            Document writeDoc = createDocumentWithVector(writeVectorValues);
            // 向写入 Document 对象添加 id 和 indexType 成员
            writeDoc.AddMember("id", i * 10000 + writeCount, writeDoc.GetAllocator());
            writeDoc.AddMember("indexType", "FLAT", writeDoc.GetAllocator());
            // 将写入 Document 对象添加到 writeData 向量中
            writeData.push_back(std::move(writeDoc));
        }
    }
    // 返回一个 pair 对象，包含生成的写入和读取数据
    return std::make_pair(std::move(writeData), std::move(readData));
}
```

在 generateTestDataBoth 函数中，我们生成了后续测试所需的写入和查询数据，这些数据以 JSON 格式呈现。为了减少测试过程中的数据操作时间，我们预先准备好了测试数据，使得在执行测试时可以直接使用这些数据。在这个过程中，有一个关键点需要特别注意：我们需要明确标识出每次查询应返回的特定 ID 的数据。这意味着我们必须预先定义查询的目标结果。这些数据将用于后续评估召回率，这是向量数据库基准测试中的一个独特环节。

为了实现这一目标，我们采用了一种特定的算法。对于每个随机生成的查询向量，我们在其附近生成 5 个写入向量。这些写入向量的 ID 被设定为 i * 10000 + writeCount。这种映射关系使我们能够在使用第 i 个向量进行查询时，通过返回的 ID 来确定查询结果。如果返回的 ID 不能通过相同的映射关系来找到对应请求 ID，那么这个结果就会被标记为召回错误。

3. 执行测试动作

在实现了 generateTestDataBoth 函数之后，我们接下来将编写执行测试并测量相关指标的函数 performOperation。

```
std::chrono::duration<double> performOperation(const Document& doc, const char* url,
    rapidjson::Document* responseDoc = nullptr) {
    CURL* curl = curl_easy_init(); // 初始化 cURL 会话
    std::chrono::duration<double> duration(0); // 用于记录操作耗时的 duration 对象
    if (curl) { // 如果 cURL 会话初始化成功，创建两个对象，用于序列化 JSON 文档
        StringBuffer buffer;
        Writer<StringBuffer> writer(buffer);
        doc.Accept(writer); // 将输入的 JSON 文档序列化为字符串
        std::string jsonStr = buffer.GetString(); // 获取序列化后的 JSON 字符串
        // 打印即将发送的请求的 URL 和 JSON 内容
        spdlog::info("Sending request to {}: {}", url, jsonStr);
        // 设置 cURL 会话的 URL 和 POST 字段数据
        curl_easy_setopt(curl, CURLOPT_URL, url);
        curl_easy_setopt(curl, CURLOPT_POSTFIELDS, buffer.GetString());
        std::string response; // 定义一个字符串用于存储响应数据
```

```
    // 设置 cURL 会话的写入回调函数和数据指针
    curl_easy_setopt(curl, CURLOPT_WRITEFUNCTION, callbackFunction);
    curl_easy_setopt(curl, CURLOPT_WRITEDATA, &response);
    auto start = std::chrono::high_resolution_clock::now(); // 记录操作开始时间
    CURLcode res = curl_easy_perform(curl); // 执行 cURL 请求
    auto end = std::chrono::high_resolution_clock::now(); // 记录操作结束时间
    if (res != CURLE_OK) { // 如果 cURL 请求失败，记录错误信息
        spdlog::error("curl_easy_perform() failed: {}", curl_easy_strerror(res));
    } else if (responseDoc) {
        responseDoc->Parse(response.c_str()); // 如果提供了响应文档对象，尝试解析响应内容
        if (responseDoc->HasParseError()) { // 如果解析失败，记录错误信息
            spdlog::error("Failed to parse response: {}", response);
        }
    }
    duration = end - start; // 计算并记录操作的总耗时
    curl_easy_cleanup(curl); // 清理 cURL 会话资源
}
    return duration; // 返回操作的耗时
}
```

该函数利用 cpp-libcurl 库构建请求。对于更新测试，函数会向 /upsert 接口发送请求；而对于查询测试，则向 /search 接口发送请求。为了尽可能准确地测量从发送请求到接收响应的实际耗时，我们将耗时统计的代码部分尽量限制在该函数内部。此外，该函数提供了一个 responseDoc 参数，允许将请求的结果回传给调用方。

4. 计算测试指标

为了加快整个系统测试评估的速度，我们在 performOperation 函数中采用了多线程并发执行测试动作。执行基准测试的函数 executeBenchmark 的核心实现代码如下所示。

```
// executeBenchmark 函数执行基准测试，将写或读请求发送到指定的 URL，并计算测试指标
void executeBenchmark(const std::vector<Document>& testData, int numThreads, TestType testType,
    const std::string& writeUrl, const std::string& readUrl, bool checkReadResponse = false) {
    // 创建一个线程动态数组和一个互斥锁，用于管理并发操作
    std::vector<std::thread> threads;
    std::mutex mutex;
    std::vector<std::chrono::duration<double>> durations; // 每个线程的耗时
    std::vector<double> recallRates(numThreads, 0.0); // 每个线程的召回率
    // 计算每个线程应处理的测试数据块大小和余数
    int blockSize = testData.size() / numThreads;
    int remainder = testData.size() % numThreads;
    // 创建多个线程并分配任务
    for (int i = 0; i < numThreads; ++i) {
        threads.emplace_back([&, i]() {
            // 计算当前线程的工作范围
            int start = i * blockSize + std::min(i, remainder);
            int end = start + blockSize + (i < remainder ? 1 : 0);
            int mismatchCount = 0;
            int totalCount = 0;
            // 遍历当前线程负责的测试数据
            for (int j = start; j < end; ++j) {
```

```cpp
                const Document& doc = testData[j];
                std::chrono::duration<double> duration;
                // 根据测试类型执行写入或读取操作
                if (testType == TestType::Write) {
                    duration = performOperation(doc, writeUrl.c_str());
                }
                if (testType == TestType::Read) {
                    // 对于读取操作，可能需要检查响应内容
                    if (checkReadResponse) {
                        rapidjson::Document responseDoc;
                        duration = performOperation(doc, readUrl.c_str(), &responseDoc);
                        // 如果成功解析响应，检查返回的向量是否为正确的向量
                        if (!responseDoc.HasParseError() && responseDoc.IsObject()) {
                            const auto& vectors = responseDoc["vectors"].GetArray();
                            int requestId = doc["id"].GetInt();
                            for (const auto& v : vectors) {
                                int returnedId = v.GetInt() / 10000;
                                if (returnedId != requestId) {
                                    mismatchCount++;
                                }
                                totalCount++;
                            }
                        }
                        // 计算当前线程的召回率
                        double recallRate = totalCount > 0 ? 1.0 - static_cast<double>(mismatchCount) /
                            totalCount : 0.0;
                        recallRates[i] = recallRate;
                    } else {
                        duration = performOperation(doc, readUrl.c_str());
                    }
                }
                // 将操作耗时添加到持续时间动态数组中
                {
                    std::lock_guard<std::mutex> lock(mutex);
                    durations.push_back(duration);
                }
            }
        });
    }
    // 等待所有线程完成
    for (auto& thread : threads) {
        thread.join();
    }
    // 计算总耗时和平均耗时，并找出第99百分位 (p99) 耗时
    double totalDuration = std::accumulate(durations.begin(), durations.end(), 0.0, [](double sum,
        const std::chrono::duration<double>& dur) { return sum + dur.count(); }) * 1000.0; // 转换为毫秒
    double averageDuration = totalDuration / durations.size();
    std::sort(durations.begin(), durations.end());
    size_t p99Index = std::max(0, std::min(static_cast<int>(durations.size()) * 99 / 100) - 1,
        static_cast<int>(durations.size()) - 1));
    double p99Duration = durations[p99Index].count() * 1000.0; // 转换为毫秒
    double throughput = durations.size() / (totalDuration / 1000.0); // 总耗时仍以秒为单位计算吞吐量
    // 打印测试指标
    spdlog::info("Average duration: {} milliseconds", averageDuration);
```

```
    spdlog::info("P99 duration: {} milliseconds", p99Duration);
    spdlog::info("Throughput: {} operations per second", throughput);
    // 如果进行了响应检查，计算并打印整体的召回率
    if (checkReadResponse) {
        double overallRecallRate = std::accumulate(recallRates.begin(), recallRates.end(), 0.0) / numThreads;
        spdlog::info("Overall recall rate: {}", overallRecallRate);
    }
}
```

executeBenchmark 函数利用之前构建的数据集进行测试评估。它允许开发者根据需求选择并发执行的线程数量，并支持多种测试模式，包括写入测试和读取测试。在测试开始时，函数根据 numThreads 参数将请求均匀分配给各个线程。对于读取测试，我们通过返回的 ID 进行反向映射。如果映射后的 ID 与发送的 ID 不匹配，该请求就被标记为召回错误。测试结束时，函数会将测量到的延迟和召回情况转换成实际结果，并输出本次基准测试的结论。

至此，我们完成了基准测试工具的开发。基于下面的 conf.ini 配置数据，实际运行该工具将产生下方运行结果。

```
conf.ini:
[test]
test_type=2
num_threads=4
num_vectors=10
dim=1
write_url=http://172.19.0.9:8080/upsert
read_url=http://172.19.0.9:8080/search

结果：
[2024-01-20 23:09:14.268] [info] Average duration: 0.9895633 milliseconds
[2024-01-20 23:09:14.268] [info] P99 duration: 1.382547 milliseconds
[2024-01-20 23:09:14.268] [info] Throughput: 1010.5467735111032 operations per second
[2024-01-20 23:09:14.268] [info] Overall recall rate: 1
```

conf.ini 文件包含测试的配置参数，而日志输出显示了测试的一些关键基准测试指标，包括访问延迟、吞吐量和召回率。平均延迟和 p99 延迟显示了操作的响应速度，吞吐量显示了系统处理请求的能力，而召回率（1）则表示所有读取操作都正确地返回了最近邻的向量——查询的准确度为 100%。

借助这个基准测试工具，我们能够持续监测系统的性能表现。每当系统有版本更新时，我们可以使用此工具，基于先前的基准数据来评估新版本是否引入了显著的性能损耗。对于需要持续优化向量数据库的场景，在版本发布过程中加入基于性能的基准门槛测试，是一种推荐的最佳实践。

6.2 成本优化

除了性能外，数据库开发者在技术方案选型时通常也会重视成本评估。尤其在业务初期，尽管数据库的用量可能并不大，数据库支出在整体 IT 支出中占比不高，但开发者需要考虑到随着业务

的快速发展，数据量的快速增长可能带来的成本变化。评估一个系统的成本时，业界通常使用 TCO（total cost of ownership，总拥有成本）这一指标。TCO 代表用户拥有这部分资源所需的总开销，主要由硬件成本和维护成本组成。在向量数据库领域，我们通常会更细致地考虑每吉字节（GB）向量数据的存储成本和单次向量查询的资源成本。

本节内容将尝试结合当前系统的技术方案和部署架构，探索一些可能的成本优化思路。需要注意的是，成本优化本身是一个动态且持续的过程。你可以在这些思路的基础上，结合自身的业务情况进行更多尝试，其背后的思考方式是一致的。

6.2.1 多模块混合部署

从图 5-5 中可以看出，我们的系统在引入了 MasterServer 和 ProxyServer 之后，涉及的组件数量有所增加。将编写完成的程序部署到生产环境时，我们需要根据各个模块的实际工作负载选择合适的硬件资源来完成部署。在初始阶段，我们优先考虑系统的可用性，因此选择将相关模块单独部署，这就得到了首个版本的部署架构图，如图 6-1 所示。

从图中可以看出，为了构建一个相对完善的分布式向量数据库系统，在单独部署各个模块的情况下，所需资源总计为 52 核心（C）和 76GB 内存（G）。

- VdbServer 共有 6 个节点，每个节点配置为 4C8G，总计 24C48G。
- ProxyServer 共有 4 个节点，每个节点配置为 4C4G，总计 16C16G。
- MasterServer 共有 3 个节点，每个节点配置为 2C2G，总计 6C6G。
- etcd 存储共有 3 个节点，每个节点配置为 2C2G，总计 6C6G。

我们可以根据向量数据库系统各模块的实际工作负载进行分析。

VdbServer 负责向量的写入和查询，由于向量数据索引需加载至内存中，因此 VdbServer 对内存的需求量相对较大，采用的服务器内存也较大。ProxyServer 主要负责数据流量的转发，而 MasterServer 执行元数据系统的管理，它们对内存的需求量相对较小。在这种工作负载下，我们可以将 ProxyServer 和 MasterServer 混合部署到 VdbServer 的服务器上，复用 VdbServer 上的 CPU 资源。

采用这种混合部署模式，可以省去 ProxyServer 和 MasterServer 的合计 22C22G 的资源，整个系统所需资源从 52C76G 降至 30C54G，CPU 成本下降约 42%，内存成本下降约 29%。这里的成本优化效果可立竿见影。此外，基于这种部署模式，ProxyServer 向本地服务转发时的延迟也会变得更小。混合部署模式除了成本优势外，还能在一定程度上优化系统的延迟。调整后的混合部署架构如图 6-2 所示。

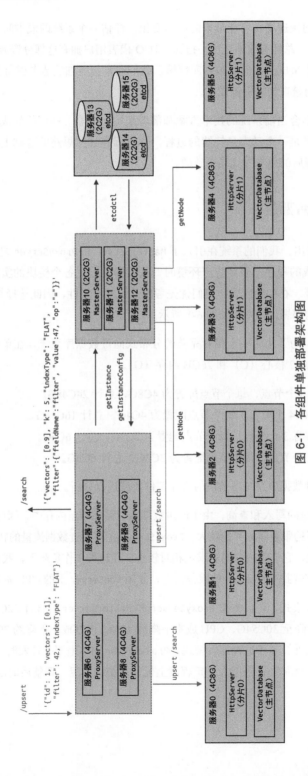

图 6-1 各组件单独部署架构图

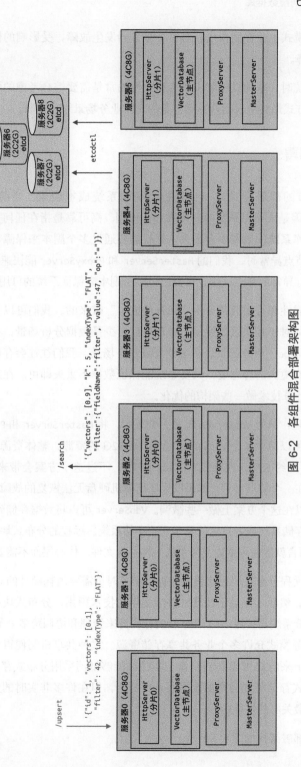

图6-2 各组件混合部署架构图

然而，这种部署模式也存在副作用。若单个服务器发生故障，受影响的模块数量将增加，可能导致系统的可用性下降。

在大规模运营系统时，基础设施的成本与稳定性通常是需要综合考虑的两个关键因素，两者相互影响。具体的部署方式最终应根据开发者自身的实际业务场景综合判断。

6.2.2　单节点部署

我们结合 6.2.1 节的部署模式进一步分析当前的系统成本组成。当前每个分片部署了 3 个 VdbServer，背后的原因是要确保系统的高可靠和高可用。高可靠是指在任何一个节点故障时，我们已经写入到向量数据库系统的数据不会丢失，这就需要通过多个副本来保障数据的可靠性。而高可用指的是在任何一个节点异常时，我们的 MasterServer 和 ProxyServer 能快速感知到节点故障，并将用户的流量转发到没有异常的节点，这也需要通过多个副本来保证系统的可用性。

当然，这里的可靠性和可用性都是由"额外的成本"带来的。我们可以继续结合潜在的应用场景进行具体分析，比如对于某些报表展示、管理员后台少量数据分析场景，在数据库方向我们称之为"离线"或者"Ad Hoc"业务场景。在这种离线业务场景，我们往往会存储大规模的数据，但是对系统的不可用时间有更大的容忍度，只要系统能保证数据不丢失即可。在这类业务场景下，我们可以结合副本数和云计算技术做一些架构的优化。

一个简单的方案是：只为 VdbServer 部署一个节点，将 MasterServer 和 ProxyServer 也部署在这个节点上，由此我们可以减少 4 个 VdbServer 合计 16C32G 的资源，整体资源成本从 30C54G 降低至 14C22G，CPU 成本下降约 53%，内存成本下降约 59%。不过这个方案会带来一个不可接受的问题：我们的数据也只存储在一个节点上了，如果发生任何单机硬盘无法恢复的故障，我们的数据将永久性丢失。于是，我们可以在这个方案上做一些微调。VdbServer 可以将数据存储到远程的分布式系统上，例如云上的分布式块存储系统或者自建的分布式块存储系统。远程的分布式块存储系统提供了多副本机制，对 VdbServer 而言就像使用本地文件系统一样写入文件，代码层面不需要做额外的修改。

你或许注意到，远程分布式块存储系统在提供服务时也需要消耗额外的 CPU 和内存资源，这无疑会带来成本的提升。然而，得益于计算机科学多年的技术积累，分布式块存储系统在资源需求上的优势逐渐显现。尽管系统需要更多的 CPU 和内存资源来管理和协调跨多个节点的数据存储与访问，但其采用的集群化服务模式允许多个业务共享存储资源。这种共享机制使得分摊到每个业务上的存储成本较低，而节省下来的 CPU 和内存资源成本往往能够抵消采用分布式存储系统所产生的额外开销。此外，尽管分布式存储可能会增加数据写入的延迟，但在许多非实时的业务场景中，这种延迟通常不会成为开发者最关心的性能指标。

调整后的单节点部署架构如图 6-3 所示。

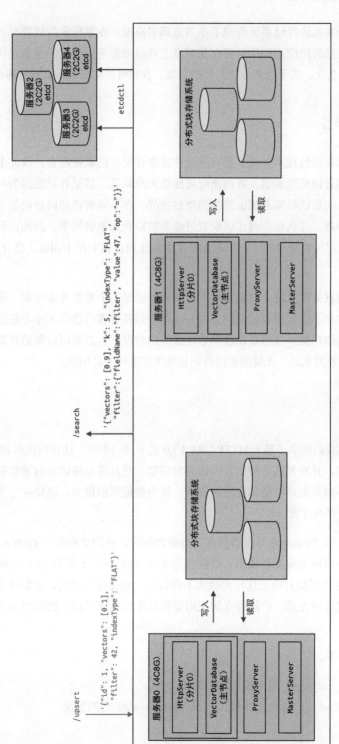

图 6-3 单节点部署架构

至此，我们基于分布式块存储系统构建了单节点部署模型，在单机发生故障时，我们可以自动化补充另外一个节点，然后把应用程序部署在新节点上并启动即可。远程的分布式块存储系统会保证系统内向量数据的持久化。基于这部分持久化的数据，我们可以完成单节点的故障恢复。

6.3 易用性优化

数据库产品是一个复杂的技术系统，其有效运作需要开发者的紧密配合。以关系型数据库系统为例，如果开发者未能合理配置索引，查询速度可能极大地降低，甚至有可能因为一条查询语句而耗尽系统资源。同样，向量数据库系统也面临类似的挑战。在不同规模的向量数据下，开发者需要选择适当的索引创建参数，并在查询时正确设置过滤参数以获取准确结果。因此，向量数据库系统对外提供的使用方式应尽可能简单明了，以避免开发者在使用过程中产生误解。良好易用的 SDK 将发挥重要的作用。

除此之外，作为数据处理系统，向量数据库的安全性也是一个重要考虑因素。开发者存储在数据库中的数据显然应该免于未经授权的访问。进一步考虑到开发者可能会不小心删除数据，向量数据库系统应提供数据备份功能。这样，在数据意外丢失的情况下，系统可以帮助开发者恢复到特定的历史时间点。这些功能的集成，无疑能够提升向量数据库系统的易用性。

6.3.1 SDK

在之前的系统中，我们提供了基于 HTTP URL 的方式来访问系统，这在调试时相对方便。然而，在大规模的开发团队中，开发者通常使用自己的开发框架，并且需要将访问向量数据库的功能集成到现有框架中。鉴于不同开发者可能都有这种需求，作为数据库提供方，提供一个统一的软件开发工具包（SDK）是最合理的方式。

考虑到在 AI 场景下，Python 是开发者最常用的编程语言，我们决定基于 Python 编写 SDK 的实现版本。为了方便在互联网上分发和使用，我们会将 SDK 封装在一个名为 vector_db_sdk 的命名空间（在 Python 中通常称为模块）内。这样的做法不仅有助于避免命名冲突，还能显著提高代码的可读性和可维护性。通过这种方式，我们旨在简化向量数据库的集成过程，使其更加适应开发者的实际需求和工作流程。

代码的组织格式如下。

❑ vector_db_sdk/__init__.py：这是模块的初始化文件。

❑ vector_db_sdk/client.py：这个文件包含 VectorDatabaseSDK 类的实现。

client.py 中 VectorDatabaseSDK 类的代码实现如下。

```python
import requests  # 导入 requests 库以发送 HTTP 请求
import json  # 导入 json 库以处理 JSON 数据
import logging  # 导入 logging 库以记录日志


# VectorDatabaseSDK 类提供了与向量数据库交互的接口
class VectorDatabaseSDK:
    def __init__(self, host, port):
        # 初始化时设置基础 URL 和请求头
        self.base_url = f"http://{host}:{port}"
        self.headers = {"Content-Type": "application/json"}
        # 创建一个 logger 对象，用于记录日志
        self.logger = logging.getLogger(__name__)

    # 私有函数，用于发送 HTTP 请求并处理响应
    def _send_request(self, endpoint, payload):
        try:
            # 发送 POST 请求到指定的访问点，并传递 JSON 格式的 payload
            response = requests.post(f"{self.base_url}/{endpoint}", json=payload, headers=self.headers)
            # 如果响应状态码表示请求成功，则返回 JSON 响应内容
            response.raise_for_status()
            return response.json()
        except requests.RequestException as e:
            # 如果请求失败（例如出现网络问题或服务器错误），记录错误信息
            self.logger.error(f"Request failed: {e}")
            return None

    # 公有函数，用于向数据库中写入或更新向量数据
    def upsert(self, id, vectors, int_field, index_type):
        # 准备写入或更新的数据
        payload = {
            "id": id,  # 向量数据的唯一标识符
            "vectors": vectors,  # 向量数据
            "int_field": int_field,  # 整型字段的值
            "indexType": index_type  # 索引类型
        }
        # 调用 _send_request 函数发送数据，并处理响应
        return self._send_request("upsert", payload)

    # 公有函数，用于查询与给定向量最相似的 k 个向量，并可根据条件过滤结果
    def search(self, vectors, k, index_type, field_name, value, op):
        # 准备查询请求的数据
        payload = {
            "vectors": vectors,  # 要查询的向量数据
            "k": k,  # 要返回的相似向量的数量
            "indexType": index_type,  # 查询使用的索引类型
            "filter": {  # 过滤条件
                "fieldName": field_name,  # 要过滤的字段名
                "value": value,  # 过滤条件的值
                "op": op  # 操作符，如等于、不等于
            }
        }
        # 调用 _send_request 函数发送查询请求，并处理响应
        return self._send_request("search", payload)
```

在我们的 VectorDatabaseSDK 类中，我们实现了几个关键功能：首先是初始化功能的 __init__ 函数，紧接着是用于数据写入和更新的 upsert 函数，以及用于执行查询操作的 search 函数。此外，我们还集成了一个内部的 HTTP 请求工具函数，用于发送请求并接收返回结果。为了直观地演示如何使用这个 SDK，我们提供了一个简洁的测试程序代码示例，展示了如何初始化 SDK、执行数据写入和进行查询。这些代码段的结构清晰，易于理解，旨在帮助开发者快速上手我们的 SDK 并将其集成到他们的应用中。

```python
from vector_db_sdk import VectorDatabaseSDK

def test_vector_db_sdk():
    db_sdk = VectorDatabaseSDK(host="localhost", port=8080)
    # 测试 upsert 接口
    upsert_result = db_sdk.upsert(id=6, vectors=[0.9], int_field=47, index_type="FLAT")
    print("Upsert Result:", upsert_result)
    # 测试 search 接口
    search_result = db_sdk.search(vectors=[0.9], k=5, index_type="FLAT", field_name="int_field",
        value=47, op="=")
    print("Search Result:", search_result)

if __name__ == "__main__":
    test_vector_db_sdk()
```

通过 VectorDatabaseSDK，开发者在使用向量数据库时的操作更加标准化和规范化。该 SDK 允许开发者显式地通过接口传递相关参数，从而简化了与向量数据库的交互。此外，SDK 还具备向开发者展示当前系统功能的能力，这比传统的 URL 拼装方式更加直观，对开发者更加友好。这种方式不仅提高了系统的易用性，还增强了开发者对数据库功能和性能的理解，使他们能够更有效地利用向量数据库来满足其应用需求。

6.3.2　访问鉴权

访问鉴权
├── 存储鉴权元数据
│　　├── 在 etcd 存储系统中存储用户名和密码
│　　└── 引入密码管理或静态密码加密提高安全性
├── 更新鉴权元数据
│　　├── 新增成员变量存储用户凭据
│　　└── 动态双数组方式保证性能
├── 令牌发放
│　　├── 基于用户名和密码生成 JWT
│　　└── 通过 handleJwtTokenRequest 接口派发 JWT
├── 令牌校验
│　　├── validateJwt 函数验证 JWT 合法性
│　　└── 集成到 ProxyServer 的 forwardRequest 函数
└── SDK 集成鉴权
　　　├── VectorDatabaseSDK 新增 authenticate 函数获取 JWT
　　　└── _send_request 函数添加鉴权信息

在 6.3.1 节中，我们开发了一个简单的 SDK，它便于开发者拼装请求的 URL。然而，我们的系统目前缺乏访问鉴权功能，这意味着任何知道实例访问地址且能够连接到该地址的开发者都能访问我们的向量数据库，这带来了显著的安全风险。为了增强安全性，我们计划为系统设计一套访问鉴权机制。

鉴权机制的核心在于合理地使用服务端的密码。客户端将使用这个密码加密请求中的身份验证字段，而服务端在接收到请求后将解密这些字段以验证身份。业界存在许多复杂的身份验证令牌（token）方案，我们选择了相对轻量的 JWT（JSON web token）认证方案。

1. 存储鉴权元数据

为了实现 JWT 认证，我们首先需要对 MasterServer 进行修改，以支持在元数据系统中存储用户的用户名和密码。我们选择在 etcd 存储系统中以特定的格式存储这些信息。具体的存储格式如下所示。

```
key: /instancesConfig/instance1/credentials
value: {"user2":{"username":"user2","password":"newpassword456"}, "user1":{"username":"user1",
       "password":"newpassword123"}}
```

在 etcd 存储系统中，我们为每个实例存储了相应的用户名和密码。需要特别指出的是，此示例中的密码是以明文形式存储的，这在安全性方面并不理想。开发者可以在此基础上引入额外的安全措施，以提高系统的安全性。一种可行的方法是利用通用的密钥管理系统（KMS）或者采用静态密码加密存储密码。这样，密码可以安全地存储，并且在读取后于内存中解密，从而降低潜在的安全风险。

此外，我们在 MasterServer 中引入了两个新的函数，用于管理实例相关的用户名和密码数据。这两个函数不仅增强了系统的安全性，还提供了更加便捷的用户管理功能。通过这种方式，系统管理员可以轻松地维护用户凭据，确保访问控制得到妥善处理。

```
void updateUserCredentials(const httplib::Request& req, httplib::Response& res);
void getUserCredentials(const httplib::Request& req, httplib::Response& res);
```

本质上，这两个新增的函数都是通过 etcd 客户端来管理存储在 etcd 中的数据：updateUserCredentials 用于处理更新用户凭据信息的 HTTP 请求，getUserCredentials 用于处理获取用户凭据信息的 HTTP 请求。为了更加清晰地展示这一过程，我们将以通过 MasterServer 类的成员函数 getUserCredentials 获取相关元数据为例进行说明。核心实现代码如下所示。

```
void MasterServer::getUserCredentials(const httplib::Request& req, httplib::Response& res) {
    // 从 HTTP 请求中获取实例 ID 参数
    auto instanceId = req.get_param_value("instanceId");
    // 构建 etcd 中存储用户凭据信息的键
    std::string etcdKey = "/instancesConfig/" + instanceId + "/credentials";
```

```
    try {
        // 从 etcd 客户端获取对应键的值
        etcd::Response etcdResponse = etcdClient_.get(etcdKey).get();
        // 如果 etcd 响应不成功，将响应状态码设置为 1 并返回错误信息
        if (!etcdResponse.is_ok()) {
            setResponse(res, 1, "Error accessing etcd: " + etcdResponse.error_message());
            return;
        }
        // 将 etcd 返回的 JSON 字符串解析为 RapidJSON 文档对象
        rapidjson::Document doc;
        doc.Parse(etcdResponse.value().as_string().c_str());
        // 如果 JSON 解析失败，将响应状态码设置为 1 并返回错误信息
        if (!doc.IsObject()) {
            setResponse(res, 1, "Invalid JSON format in etcd");
            return;
        }
        // 如果成功获取凭据信息，将响应状态码设置为 0 并返回成功信息及凭据信息
        setResponse(res, 0, "User credentials retrieved successfully", &doc);
    } catch (const std::exception& e) {
        // 如果发生异常，将响应状态码设置为 1 并返回异常信息
        setResponse(res, 1, "Exception occurred: " + std::string(e.what()));
    }
}
```

从这里的代码可以看到，getUserCredentials 从 etcd 中把相关的鉴权信息读取出来，然后返回给请求求方。基于该接口，我们可以继续扩展 ProxyServer，让 ProxyServer 能够基于用户名和密码提供服务端的鉴权能力。

2. 更新鉴权元数据

我们继续扩展 ProxyServer 的定义，在 ProxyServer 中新增存储用户名和密码的成员变量。

```
std::unordered_map<std::string, std::pair<std::string, std::string>> userCredentials_[2];
std::atomic<int> activeUserCredentialsIndex_; // 指示当前活动的用户凭证数组索引
```

这段代码定义了两个成员变量: userCredentials_ 和 activeUserCredentialsIndex_。userCredentials_ 是一个哈希表，用于存储用户的凭据信息，每个用户都有一个唯一的键和与之关联的一对值。为了提高数据的可靠性，这个哈希表有两个实例。activeUserCredentialsIndex_ 是一个原子整数，用于指示当前正在使用的 userCredentials_ 实例的索引。

类似之前其他需要从 MasterServer 更新元数据的场景，这里为了把用户名和密码更新到 ProxyServer 的内存中，我们同样采用了动态双数组的方式来保证较高的性能。由于这里的更新代码与 ProxyServer 代码从 MasterServer 获取其他元数据的实现比较类似，我们只重点展示与更新用户凭据相关的部分，ProxyServer 类的成员函数 fetchAndUpdateUserCredentials 简化后的实现代码如下所示。

```
void ProxyServer::fetchAndUpdateUserCredentials() {
    // 记录从 MasterServer 获取用户凭据信息的操作
    GlobalLogger->info("Fetching User Credentials from Master Server");
```

```
// 构建请求 URL，包括 MasterServer 的地址、端口和实例 ID
std::string url = "http://" + masterServerHost_ + ":" + std::to_string(masterServerPort_) +
    "/getUserCredentials?instanceId=" + instanceId_;
... // 省略通过 cURL 执行请求发送和返回的部分代码
// 获取非活动用户凭据数组的索引，用于更新
int inactiveIndex = activeUserCredentialsIndex_.load() ^ 1;
// 清空非活动用户凭据数组，准备添加新的用户凭据
userCredentials_[inactiveIndex].clear();
// 遍历 JSON 响应中的用户对象
const auto& users = doc["data"].GetObject();
for (const auto& user : users) {
    // 从用户对象中提取用户名和密码
    std::string username = user.name.GetString();
    std::string password = user.value["password"].GetString();
    // 将用户名和密码添加到非活动用户凭据数组中
    userCredentials_[inactiveIndex][username] = std::make_pair(username, password);
}
// 原子地切换活动用户凭据数组索引，这样在更新过程中可以保持对外提供服务的连续性
activeUserCredentialsIndex_.store(inactiveIndex);
// 记录用户凭据更新成功的日志信息
GlobalLogger->info("User Credentials updated successfully");
}
```

该接口通过调用 MasterServer 的 /getUserCredentials 接口来获取最新的用户名和密码，接着将其更新至非活跃数组，并原子地替换当前活跃数组的索引。

3. 令牌发放

在此基础上，我们接下来需要基于这些用户名和密码信息，实现 JWT 相关的令牌发放逻辑和发放前的身份校验逻辑。核心实现代码如下所示。

```
bool ProxyServer::generateJwt(const std::string& username, std::string& jwtToken) {
    int activeIndex = activeUserCredentialsIndex_.load(); // 获取当前活动的用户凭证数组索引
    auto& credentials = userCredentials_[activeIndex];
    // 检查用户名是否存在于用户凭证中
    auto it = credentials.find(username);
    if (it == credentials.end()) {
        GlobalLogger->error("Username not found: {}", username);
        return false; // 用户名不存在
    }
    // 使用用户名和密码生成一个唯一的 JWT 密码
    // 示例：连接基础密码和用户信息
    std::string jwtSecret = "SecretBase" + it->second.first + it->second.second;
    try {
        // 设置 JWT 的有效期
        auto token = jwt::create()
            .set_issuer("ProxyServer")
            .set_type("JWT")
            .set_issued_at(std::chrono::system_clock::now())
            // 将有效期设置为 30 分钟
            .set_expires_at(std::chrono::system_clock::now() + std::chrono::minutes{30})
            .set_payload_claim("username", jwt::claim(username));
```

```
        jwtToken = token.sign(jwt::algorithm::hs256{jwtSecret});
        return true; // 成功生成
    } catch (const std::exception& e) {
        GlobalLogger->error("Failed to generate JWT for {}: {}", username, e.what());
        return false; // 生成 JWT 时出错
    }
}
```

在 generateJwt 函数中，我们根据当前实例对应的用户名和密码组合，构建了一个 jwtSecret。接着，使用 token.sign 函数生成了一个有效期为 30 分钟的 jwtToken。此 jwtToken 将被返回给客户端，供其后续请求时与服务端进行鉴权通信。值得注意的是，客户端在获取此 jwtToken 前，需先验证其身份。以下展示的是 ProxyServer 提供的用于派发 jwtToken 的接口 handleJwtTokenRequest 成员函数，用于处理 JWT 获取请求。

```
void ProxyServer::handleJwtTokenRequest(const httplib::Request& req, httplib::Response& res) {
    rapidjson::Document requestDoc; // 创建 RapidJSON 文档对象，用于解析请求
    rapidjson::Document responseDoc; // 创建 RapidJSON 文档对象，用于构建响应
    responseDoc.SetObject(); // 初始化响应文档对象
    // 获取响应文档对象的分配器
    rapidjson::Document::AllocatorType& allocator = responseDoc.GetAllocator();
    // 解析请求体中的 JSON 数据
    if (requestDoc.Parse(req.body.c_str()).HasParseError()) {
        res.status = 400; // 如果解析失败，设置响应状态码为 400（Bad Request）
        // 在响应文档中添加格式错误的错误信息
        responseDoc.AddMember("error", "Invalid JSON format", allocator);
    } else if (!requestDoc.HasMember("username") || !requestDoc.HasMember("password")){
        res.status = 400; // 如果请求中缺少用户名或密码字段，设置响应状态码为 400（Bad Request）
        // 在响应文档中添加缺少用户名或密码的错误信息
        responseDoc.AddMember("error", "Missing username or password", allocator);
    } else {
        std::string username = requestDoc["username"].GetString(); // 从请求中提取用户名
        std::string password = requestDoc["password"].GetString(); // 从请求中提取密码
        if (!validateCredentials(username, password)) { // 验证用户名和密码的有效性
            res.status = 401; // 如果验证失败，设置响应状态码为 401（Unauthorized）
            // 在响应文档中添加用户密码错误的错误信息
            responseDoc.AddMember("error", "Invalid username or password", allocator);
        } else {
            std::string jwtToken;
            if (!generateJwt(username, jwtToken)) { // 如果验证成功，生成 JWT 令牌
                res.status = 500; // 如果生成 JWT 失败，设置响应状态码为 500（Internal Server Error）
                // 在响应文档中添加生成 JWT 失败的错误信息
                responseDoc.AddMember("error", "Failed to generate JWT", allocator);
            } else {
                // 创建成功的 JSON 响应，包含 JWT
                responseDoc.AddMember("jwtToken", rapidjson::Value().SetString(jwtToken.c_str(),
                    allocator), allocator);
            }
        }
    }
    // 将响应文档对象序列化为 JSON 字符串
    rapidjson::StringBuffer buffer;
    rapidjson::Writer<rapidjson::StringBuffer> writer(buffer);
```

```
    responseDoc.Accept(writer);
    // 设置 HTTP 响应的内容和类型
    res.set_content(buffer.GetString(), "application/json");
}
```

在 handleJwtTokenRequest 函数中，系统首先从用户请求中提取 username 和 password 字段，然后调用 validateCredentials 函数来验证这些凭据。一旦验证通过，generateJwt 函数会被用于生成一个 jwtToken 并返回给用户。validateCredentials 的实现相对简单，仅需将其与内存中最新的用户名和密码数据进行对比。该函数的具体实现代码如下所示。

```
bool ProxyServer::validateCredentials(const std::string& username, const std::string& password) {
    int activeIndex = activeUserCredentialsIndex_.load();
    auto& credentials = userCredentials_[activeIndex];
    auto it = credentials.find(username);
    if (it != credentials.end() && it->second.second == password) {
        return true; // 用户名和密码有效
    }
    return false; // 用户名或密码无效
}
```

在完成了 handleJwtTokenRequest 函数之后，我们可以使用以下命令测试该接口的实际效果。

```
请求：
curl -X POST http://localhost/getJwtToken -H "Content-Type: application/json" -d '{"username":"user2",
"password":"newpassword456"}'
返回：
{"jwtToken":"eyJhbGciOiJIUzI1NiIsInR5cCI6IkpXVCJ9.eyJleHAiOjE3MDM2ODkyMjYsImlhdCI6MTcwMzY4NzQyNiwiaXNzIj
oiUHJveHlTZXJ2ZXIiLCJ1c2VybmFtZSI6InVzZXIyIn0.5O7QqEoyGfqoIdFsaIyQoPCmb49tMWoRCvs0qqxSjlc"}
```

这段命令展示了使用 cURL 工具将 HTTP POST 请求发送到服务端以获取 JWT 的过程，以及服务端响应的示例。服务端的核心功能是接收包含用户名和密码的请求，验证这些凭据的有效性，如果验证通过，则生成一个 JWT 并返回给客户端。JWT 是一个加密的字符串，它包含了用户信息和一些元数据，如过期时间等，并且可以被服务端和客户端用于安全地传输信息。

4. 令牌校验

基于这个 jwtToken，客户端的后续请求会在鉴权信息中包含此令牌。当 ProxyServer 收到用户请求时，它首先需要验证 jwtToken 的合法性。验证通过后，服务端才会进行内容的转发。以下是校验函数 validateJwt 的实现逻辑。

```
bool ProxyServer::validateJwt(const std::string& jwtToken, std::string& username) {
    try {
        auto decoded = jwt::decode(jwtToken);
        int activeIndex = activeUserCredentialsIndex_.load();
        auto& credentials = userCredentials_[activeIndex];
        username = decoded.get_payload_claim("username").as_string(); // 提取用户名
        // 验证 JWT
        auto it = credentials.find(username);
```

```
        if (it == credentials.end()) {
            return false; // 用户名不存在
        }
        std::string jwtSecret = "SecretBase" + it->second.first + it->second.second;
        auto verifier = jwt::verify()
            .allow_algorithm(jwt::algorithm::hs256{jwtSecret})
            .with_issuer("ProxyServer");
        verifier.verify(decoded);
        return true; // JWT 有效
    } catch (...) {
        return false; // JWT 验证失败
    }
}
```

validateJwt 函数负责对客户端请求中的 jwtToken 和 username 进行合法性校验。这一过程实际上是派发流程的反向操作，它通过比对内存中存储的用户名和密码来验证 jwtToken 的合法性。只有通过了这个校验函数的请求才被视为合法。我们接下来会将此函数集成到 ProxyServer 的转发函数 forwardRequest 的入口处。

```
void ProxyServer::forwardRequest(const httplib::Request& req, httplib::Response& res,
    const std::string& path) {
    auto authHeader = req.get_header_value("Authorization"); // 从 HTTP 请求中提取 Authorization 头部值
    std::string jwtToken; // 定义一个字符串变量用于存储 JWT
    // 检查 Authorization 头部值是否以 "Bearer " 开头，如果是，提取 JWT
    if (authHeader.rfind("Bearer ", 0) == 0) {
        jwtToken = authHeader.substr(7); // 从 "Bearer " 之后提取 JWT
    }
    std::string username; // 定义一个字符串变量用于存储解析出的用户名
    // 验证 JWT 是否有效，并提取用户名
    if (jwtToken.empty() || !validateJwt(jwtToken, username)) {
        res.status = 401; // 如果令牌为空或无效，设置响应状态码为 401
        res.set_content("Invalid or missing JWT", "text/plain"); // 设置响应内容和类型
        return;
    }
    ... // 省略其他转发逻辑，例如选择目标节点、构建请求等
    forwardToTargetNode(req, res, path, targetNode); // 将请求转发到目标节点
}
```

5. SDK 集成鉴权

至此，我们的服务端 ProxyServer 已经具备了派发 jwtToken 和验证后续请求合法性的能力。接下来，在 6.3.1 节中实现的 Python SDK 的基础上，我们将继续开发相关的客户端功能。首先，在 VectorDatabaseSDK 中新增一个获取令牌的函数 authenticate。

```python
def authenticate(self, username, password):
    url = f"{self.base_url}/getJwtToken"
    payload = {"username": username, "password": password}
    response = requests.post(url, json=payload)
    response.raise_for_status()
    self.jwt_token = response.json().get("jwtToken")
```

authenticate 函数以用户名和密码作为参数，调用服务端的 **getJwtToken** 接口，从而获取一个令牌。这个令牌接着被存储在当前对象的 **jwt_token** 属性中。有了 **jwt_token**，我们就可以在后续发送其他请求时，附带必要的鉴权信息。

```python
def _send_request(self, endpoint, payload):
    if self.jwt_token:
        self.headers["Authorization"] = f"Bearer {self.jwt_token}"
    try:
        response = requests.post(f"{self.base_url}/{endpoint}", json=payload, headers=self.headers)
        response.raise_for_status()
        return response.json()
    except requests.RequestException as e:
        self.logger.error(f"Request failed: {e}")
        return None
```

这段代码定义了一个名为 _send_request 的私有函数，它用于向服务端发送 HTTP POST 请求。_send_request 首先检查是否存在 JWT，并将其添加到请求头中，以便进行身份验证。然后，它使用 requests 库发送一个 POST 请求，其中 payload 作为 JSON 数据体发送。如果服务端响应状态码表明请求成功，函数将解析并返回 JSON 格式的响应内容。如果在请求过程中发生任何异常（如网络问题、无效的响应等），函数将记录错误信息并返回 None。

封装了具备鉴权信息的新版本 Python SDK 后，我们可以更新相关测试程序以验证这些流程。

```python
from vector_db_sdk import VectorDatabaseSDK

def test_vector_db_sdk():
    db_sdk = VectorDatabaseSDK(host="localhost", port=80)
    db_sdk.authenticate(username="user2", password="newpassword456")
    # 测试 upsert 接口
    upsert_result = db_sdk.upsert(id=6, vectors=[0.9], int_field=47, index_type="FLAT")
    print("Upsert Result:", upsert_result)
    # 测试 search 接口
    search_result = db_sdk.search(vectors=[0.9], k=5, index_type="FLAT", field_name="int_field",
        value=47, op="!=")
    print("Search Result:", search_result)

if __name__ == "__main__":
    test_vector_db_sdk()
```

利用这个测试程序，我们能够验证 ProxyServer 的校验流程。如果鉴权信息被修改，后续的更新和查询操作将返回鉴权失败的错误。至此，我们已经完整实现了一个客户端与服务端的鉴权协作系统。当前版本的 JWT 在 30 分钟后会过期，你可以添加 JWT 过期后的重试逻辑，以实现续期功能。

6.3.3　数据备份

在企业运营向量数据库产品的过程中，向量数据库通过多副本机制防止单机硬盘故障导致的数据丢失，确保了单机故障时的数据安全。考虑一种场景：企业由于操作失误，误删了数据库中的向量数据。在这种情况下，删除指令也会同步到分布式节点并执行，导致整个系统中的相关数据被删除。这一行为虽符合系统设计，但在某些场景下可能不符合业务需求。

为解决此类问题，行业常见做法是提供独立的数据备份功能。这包括定期备份向量数据库的本地快照文件和 WAL，以便在发生非预期的数据删除时，能够使用这些备份文件回档至过去某一时刻，从而恢复数据。为实现向量数据库的备份，通常会使用一个旁路备份系统与数据库系统协同工作。图 6-4 展示了行业典型的数据备份系统架构图。

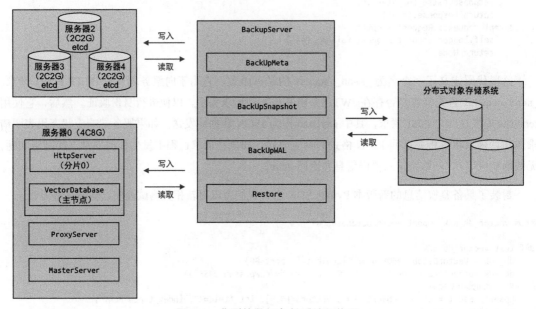

图 6-4　典型的数据备份系统架构图

为了完成整个备份过程，我们需要备份的数据包括 etcd 中的元数据信息、VdbServer 上的向量数据快照信息以及 WAL 信息。特别需要注意的是，由于这三份数据独立存在，如何保证它们能原子地结合在一起是备份系统的一个重点考虑因素。备份服务通常通过外部系统组合已有工具来实现，以下是 BackupServer 的备份流程的核心实现代码。

```python
class BackupServer:
    # 初始化备份服务器
    def __init__(self, etcd_client, vdb_client, cos_client):
        self.etcd_client = etcd_client
        self.vdb_client = vdb_client
        self.cos_client = cos_client

    # 开启分片配置信息锁
    def lock_partition_config(self):
        self.etcd_client.lock()  # 通过 etcd 客户端执行锁定操作
```

```
# 备份分片配置信息到 COS（腾讯云对象存储）
def backup_partition_config_to_cos(self):
    partition_config = self.etcd_client.get_partition_config()  # 从 MasterServer 获取分片配置信息
    self.cos_client.save_to_cos(partition_config)  # 将分片配置信息备份到 COS

# 暂停 VdbServer 上新增快照的操作
def pause_snapshot_operations(self):
    self.vdb_client.pause_snapshots()  # 通过 VdbServer 客户端暂停快照操作

# 备份 VdbServer 上分片的快照文件到 COS
def backup_snapshots_to_cos(self):
    snapshots = self.vdb_client.get_snapshots()  # 从 VdbServer 获取所有分片的快照文件
    # 将快照文件备份到 COS
    for snapshot in snapshots:
        self.cos_client.save_to_cos(snapshot)

# 备份 VdbServer 上分片的 WAL 到 COS
def backup_wal_logs_to_cos(self):
    wal_logs = self.vdb_client.get_wal_logs()  # 从 VdbServer 获取所有分片的 WAL
    # 将 WAL 备份到 COS
    for wal_log in wal_logs:
        self.cos_client.save_to_cos(wal_log)

# 恢复 VdbServer 上新增快照的操作
def resume_snapshot_operations(self):
    self.vdb_client.resume_snapshots()  # 通过 VdbServer 客户端恢复快照操作

# 释放分片配置信息锁
def unlock_partition_config(self):
    self.etcd_client.unlock()  # 通过 etcd 客户端执行解锁操作

# 执行完整备份流程
def perform_backup(self):
    try:
        self.lock_partition_config()
        self.backup_partition_config_to_cos()
        self.pause_snapshot_operations()
        self.backup_snapshots_to_cos()
        self.backup_wal_logs_to_cos()
        self.resume_snapshot_operations()
    finally:
        self.unlock_partition_config()
```

以下是详细的备份流程说明。

(1) 开启分片配置信息锁。在锁定期间，VdbServer 上的分片信息不接受修改，以确保快照信息与元数据配套使用。

(2) 将 MasterServer 管理的分片配置信息备份到 COS 中。

(3) 暂停 VdbServer 上新增快照的操作。

(4) 备份 VdbServer 上该分片的快照文件到 COS 中。

(5) 备份 VdbServer 上该分片的 WAL，作为备份过程中的增量数据。

(6) 恢复 VdbServer 上新增快照的操作。

(7) 释放分片配置信息锁，使实例恢复到正常状态。

整个备份流程表明，为了保证系统元数据和快照日志的一致性，我们在备份快照的过程中暂时停止了分片变化的功能，并且在备份时避免产生新的快照文件。基于第五步备份的 WAL，我们可以将数据恢复到 WAL 之前最新时刻状态。开发者可以根据业务实际情况选择备份的频率，以在成本和数据安全之间找到合理的平衡点。

6.4 小结

为了适应 AI 时代对海量向量数据的写入和查询需求，本章介绍了分布式向量数据库系统的多项优化措施。这些措施旨在从性能、成本和易用性这三个方面优化向量数据库，确保向量数据库系统能够持续高效地提供服务。

- **性能优化**

向量相似度计算作为数据库的核心功能，对 CPU 资源的需求量巨大。因此，我们研究了如何更有效地利用硬件并行化技术。通过采用 AVX-512 指令集，我们学习了对 16 个 32 位浮点数进行并行计算，显著提升了计算函数的并行度，从而大幅提高了系统的整体性能。除了硬件层面的优化，我们还探索了软件层面的改进方法。在查询方面，我们实施了"查询进化"策略，即根据数据规模选择合适的查询算法。特别是对于结合标签过滤和向量查询的混合场景，我们优化了当过滤后的候选向量数量低于特定阈值时的内存查询方案，进一步提升了查询性能。在分布式系统的通信方面，我们选择了基于 gRPC 的通信协议来优化 ProxyServer 和 VdbServer 之间的数据交换。与传统的 HTTP相比，gRPC 提供了更高的通信效率，有助于提升模块间的协作效率。

- **成本优化**

随着业务的扩展，数据量和访问需求将持续增长。因此，我们从模块化部署的角度出发，通过混合部署 ProxyServer、MasterServer 和 VdbServer 来降低部署成本，并降低模块间通信的延迟。在特定场景下，为了进一步降低成本，我们提出了减少 VdbServer 节点数的单节点部署方案，并结合分布式块存储技术大幅降低了成本。

- **易用性优化**

为了提高开发者的使用效率，我们从基于 HTTP 的访问方式转变为基于 SDK 的访问方式，并以广泛使用的 Python 语言为例，开发了易于使用的 SDK。这使得开发者可以更标准化和便捷地与向量数据库交互。同时，我们也重视数据访问和存储的安全性，引入了基于 JWT 的鉴权方案，确保只有经过系统授权的请求才能访问数据库。此外，针对可能的数据误删除问题，我们建立了独立的数据备份系统，包括备份元数据、快照数据和 WAL 数据。这样，开发者万一丢失数据，也能恢复历史数据。

当然，性能和成本的优化本身是一个动态过程。没有绝对的最佳性能或最佳成本，更重要的是在业务发展过程中结合自身的情况，持续地关注性能与成本的平衡，并采用可用的技术手段。同时，向量数据库的易用性在多个方面仍有巨大提升空间。例如，向量数据库中的 FAISS 和 HNSW 索引使用较为复杂，行业正在尝试自动配置索引参数的技术方案。此外，为了便于开发者调试，向量数据库系统也可以提供更加可视化的操作控制台。

通过各种各样的手段，我们可以不断增强向量数据库的产品能力。数据库行业的从业者只有保持追求卓越的态度，不断思考和实践，才有可能逐步打造更完善的向量数据库产品。

第三部分

向量数据库的实践与展望

在前面的章节中，我们首先系统性地了解了向量数据库的基础知识；然后构建了一个单机向量数据库，它提供了向量数据库核心的写入和查询等功能；接着在单机版上补充了主从能力和分片能力，构建了一个具备分布式特性的向量数据库；最后在性能、成本和易用性上对系统进行了初步优化，让我们的向量数据库变得更加完善。

然而，仅仅构建一个向量数据库，并不足以充分展示其在AI时代的全部潜力。要高效学习和深入理解向量数据库，需要将向量数据库与实际应用场景结合起来进行实践，并密切关注向量数据库的发展趋势。

第 7 章
向量数据库实践案例

纸上得来终觉浅，绝知此事要躬行。

——《冬夜读书示子聿》，陆游

在本章中，我们将结合日常生活中的场景，通过两个具体的实践案例——搭建图片查询系统和构建个人知识库，展示向量数据库如何在实际应用中发挥作用。

7.1 搭建图片查询系统

我们在 1.1.4 节中讨论过，你可能遇到过一个典型场景：想在个人相册中找到某些照片，但苦于记忆模糊，能想起的信息有限，没有有效的方法。有了向量数据库就不同了，利用向量数据库实现的图片查询功能，可以有效解决这一问题。

针对这个应用场景，我们可以将其简化并拆解为以下三个步骤。

第一步，接收一系列图片，并通过合适的向量化模型对这些图片进行向量化，目的是用向量数据来表示这些图片。

第二步，将图片的向量化数据通过 SDK 存储到我们的向量数据库中。

第三步，接收一张待查询的图片，使用第一步中的向量化模型对这张图片进行向量化，从而得到一个向量，然后将这个向量和第二步生成并存储的向量进行比较，找出存储在向量数据库中最近邻的 k 个向量，也就是与该图片最相似的前 k 张图片，并按顺序返回。

7.1.1 图片向量化

在图片查询应用中，一个常见的方法是利用深度学习模型提取图片的特征向量。业界广泛使用的模型包括 VGG 和 ResNet。在本例中，我们选用了 ResNet-50 来提取特征向量。ResNet-50 是一个多用途的模型，被广泛应用于各种图片处理任务。在 Python 环境中，我们可以集成 PyTorch 库来进行相关的代码开发。下面是我们使用 Python 编写的函数 extract_features，该函数实现了图片向量化的过程。

```python
import torch
import torchvision.transforms as transforms
from torchvision.models import resnet50
from PIL import Image

def extract_features(image_path):
    # 加载预训练的 ResNet-50 模型
    model = resnet50(pretrained=True)
    model.eval()
    # 图片预处理
    preprocess = transforms.Compose([
        transforms.Resize(256),
        transforms.CenterCrop(224),
        transforms.ToTensor(),
        transforms.Normalize(mean=[0.485, 0.456, 0.406], std=[0.229, 0.224, 0.225])
    ])
    # 读取图片
    img = Image.open(image_path)
    img_t = preprocess(img)
    batch_t = torch.unsqueeze(img_t, 0)
    # 提取特征
    with torch.no_grad():
        out = model(batch_t)
    # 将特征向量转换为一维数组并返回
    return out.flatten().numpy()
```

以下是代码的详细功能解析。

(1) 导入必要的库和模块。

❑ torch：PyTorch 库，用于深度学习和张量计算。

❑ torchvision.transforms：用于对图片进行预处理的转换函数。

❑ torchvision.models.resnet50：预训练的 ResNet-50 模型，用于特征提取。

❑ PIL.Image：用于读取和处理图片文件。

(2) 定义 extract_features 函数。

extract_features 接受一个参数 image_path，参数的值是要处理的图片文件的路径。也就是说，该函数的功能是从给定路径的图片中提取特征向量。

(3) 加载预训练的 ResNet-50 模型。

❑ model = resnet50(pretrained=True)：创建一个 ResNet-50 模型实例，并设置 pretrained=True 以加载预训练的权重。

❑ model.eval()：将模型设置为评估模式。评估模式会关闭训练特有的一些操作，专门用于推理或特征提取。

(4) 定义图片预处理流程。

```
reprocess = transforms.Compose([
    ransforms.Resize(256),
    ransforms.CenterCrop(224),
    ransforms.ToTensor(),
    ransforms.Normalize(mean=[0.485, 0.456, 0.406], std=[0.229, 0.224, 0.225])
)
```

这段代码使用了 PyTorch 的 transforms 模块，通过 Compose 函数组合了一系列的图片变换步骤，将输入图片调整为适合深度学习模型处理的格式，并通过标准化步骤确保数据的分布与模型训练时使用的分布相匹配。

❑ Resize(256)：将输入图片的大小调整为 256×256 像素。这是通过插值或其他重采样方法实现的，以确保所有图片具有相同的尺寸。

❑ CenterCrop(224)：在调整大小后的图片中心裁剪出 224×224 像素的区域。这是许多预训练的神经网络模型，如 ResNet 期望的输入图片大小。

❑ ToTensor()：将 PIL 图片或 NumPy 数组转换为 PyTorch 张量，这是 PyTorch 模型输入的标准格式。同时，它还会自动将像素值从 [0,255] 范围线性缩放到 [0.0,1.0] 范围。

❑ Normalize(...)：对张量图片的每个通道进行标准化。它首先减去指定的均值 (mean)，然后除以指定的标准差 (std)。这里的均值和标准差是在大型数据集 ImageNet 上预先计算得出的，用于提高训练过程的稳定性和模型的收敛速度。

(5) 读取并预处理图片。

❑ img = Image.open(image_path)：使用 PIL 打开图片文件。

❑ img_t = preprocess(img)：应用预处理流程处理图片。

❑ batch_t = torch.unsqueeze(img_t, 0)：将预处理后的图片张量增加一个批次维度（这样做的原因是模型通常预期输入为一批数据，即使我们只处理一张图片），使其适合模型输入。

(6) 提取特征。

❑ 使用 torch.no_grad() 上下文管理器来关闭梯度计算，因为在特征提取过程中不需要计算梯度（这对于进行推理和特征提取非常有用，因为它可以减少内存消耗和计算需求）。

❑ out = model(batch_t)：将预处理后的图片输入模型，获取模型的输出特征。

(7) 转换并返回特征向量。

❑ out.flatten().numpy()：将模型输出的特征张量展平为一维数组，并转换为 NumPy 数组。

❑ return out.flatten().numpy()：返回特征向量数组，供其他部分使用。

7.1.2 图片上传和查询

在实现了核心的图片向量化功能之后，我们接下来将致力于编写便于用户使用的端到端应用程序。为了方便用户操作，我们需要通过浏览器来接收用户上传的文件，并在后台完成相关接口的调用。这种端到端的应用，我们通常会基于一些成熟的框架来实现。在本例中，我们采用了基于 Python 的 Flask 框架来实现相关功能。Flask 是一个比较轻量化的应用程序框架，广受 Python 开发者喜爱。本例图片查询系统的目录结构如表 7-1 所示。

表 7-1 图片查询系统目录结构

目录结构	包含内容	描　述
static	images script.js	images 目录存储静态文件，包含用户上传的被查询图片和查询图片 script.js 文件存储客户端事件处理的 JavaScript 代码
templates	index.html	客户端界面代码，提供了上传图片和查询图片的入口
vector_db_sdk	client.py __init__.py	第 6 章实现的向量数据库 SDK，提供向量化数据的写入和查询 SDK
/	app.py image_eb.py	app.py 中实现了 Flask 的入口程序，处理客户端的请求 image_eb.py 中有 7.1.1 节实现的图片向量化函数

这个例子展示了一个标准的 Flask 应用系统的布局。客户端的代码相对简单，我们这里不做详细介绍，而将重点放在 app.py 部分的代码，来了解后端如何接收图片、对图片进行向量化，并支持最终的存储与查询。以下是 app.py 的启动和监听代码：

```python
# 导入框架核心组件，用于创建 Web 应用
from flask import Flask, request, jsonify
# 导入 render_template，用于渲染 HTML 模板
from flask import render_template
# 导入自定义的 extract_features，用于提取图片特征
from image_eb import extract_features
# 导入 VectorDatabaseSDK，用于与向量数据库交互
from vector_db_sdk import VectorDatabaseSDK

import logging  # 导入 logging 模块，用于日志记录
import os  # 导入 os 模块，用于控制操作系统功能

app = Flask(__name__)  # 创建 Flask 应用实例
db_sdk = VectorDatabaseSDK(host="172.19.0.9", port=80)  # 初始化 VectorDatabaseSDK 对象，设置数据库的连接信息
db_sdk.authenticate(username="user2", password="newpassword456")  # 对数据库进行身份验证，提供用户名和密码
# 定义首页的路由和视图函数。当用户访问网站的根目录时，此路由将被触发
@app.route("/")
def index():
    return render_template("index.html")

# 当脚本作为主程序运行时，执行以下代码
if __name__ == "__main__":
    app.run(host='0.0.0.0', port=5000, debug=True)  # 开启debug模式,便于开发和调试
```

从代码中我们可以看出，在启动服务时，我们初始化了与向量数据库连接的 SDK，以便后续操作向量数据。同时，我们还为首页注册了路由，指向 index.html 页面。接下来，我们需要设置图片文件的上传和查询接口。首先，我们来看上传接口的实现细节。

```
@app.route("/upload", methods=["POST"])
def upload_image():
    image_file = request.files["image"]
    image_id_str = request.form.get("image_id")
    # 检查 image_id 是否存在
    if not image_id_str:
        return jsonify({"message": "Image ID is required"}), 400
    # 尝试将 image_id 转换为整型
    try:
        image_id = int(image_id_str)
    except ValueError:
        return jsonify({"message": "Invalid image ID. It must be an integer"}), 400
    filename = image_file.filename  # 直接使用上传的文件名
    image_path = os.path.join("static/images", image_id_str)
    image_file.save(image_path)
    image_features = extract_features(image_path)
    # 更新数据库中的记录
    upsert_result = db_sdk.upsert(id=image_id, vectors=image_features.tolist(), index_type="FLAT")
    return jsonify({"message": "Image uploaded successfully", "id": image_id})
```

upload_image 函数首先从请求中获取图片文件的内容及其 ID。接着，将图片存储在 static/images 目录下，并以图片的 ID 命名。之后，使用 extract_features 函数，基于存储路径将图片内容向量化，从而得到向量数组 image_features。拥有了这个向量数据后，我们利用 db_sdk 的 upsert 函数将向量数据及其对应的 ID 存储到向量数据库中，并向客户端返回结果以展示。

数据存储部分完成之后，我们来看数据查询部分的实现。

```
@app.route("/search", methods=["POST"])
def search_image():
    image_file = request.files["image"]
    image_path = os.path.join("static/images", "temp_image.jpg")
    image_file.save(image_path)
    image_features = extract_features(image_path)
    # 使用提取的特征向量进行查询
    search_result = db_sdk.search(vectors=image_features.tolist(), k=5, index_type="FLAT")
    image_urls = [
        f"/static/images/{int(image_id)}" for image_id in search_result["vectors"]
    ]  # 将查询结果转换为图片路径或相应的数据
    return jsonify({"data":search_result, "distances": search_result["distances"], "image_urls": image_urls})
```

在查询功能的实现中，我们首先从请求中获取文件内容，并将其存储在 static/images 目录下。考虑到查询文件仅为临时使用，我们将其命名为 temp_image.jpg。接下来，我们利用向量化函数 extract_features 对该文件进行向量化，从而获得一个代表该图片的查询向量。然后，我们使用 db_sdk.search 查询函数，在向量数据库中找到与该图片最相似的 5 张已有图片，并将这些图片的 ID 返回给客户端。客户端可以根据这些图片的 URL，在客户端展示一个最相似图片的列表。

7.1.3　系统效果一览

图 7-1 展示了图片查询系统在客户端实现的一个极简版本的效果。

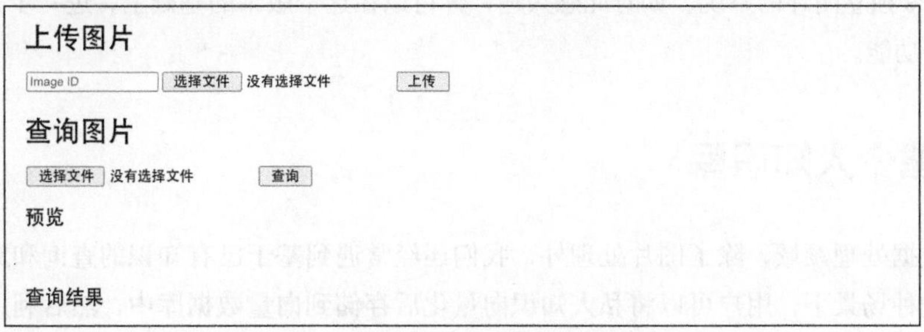

上传图片

[Image ID] [选择文件] 没有选择文件　　[上传]

查询图片

[选择文件] 没有选择文件　　[查询]

预览

查询结果

图 7-1　图片查询系统基础操作界面

页面包括以下几个部分。

- 上传图片部分：支持选择本地文件并输入图片 ID，随后上传至服务端。
- 查询图片部分：允许选择本地文件，以在服务端查询最相似的 5 张图片。
- 预览部分：在本地选择文件后，会显示所选图片的预览。
- 查询结果部分：展示服务端返回的最相似的 5 张图片。

图 7-2 展示了在一组仓鼠和鹦鹉的图片中，使用此系统查询一张仓鼠的图片，从而找出系统中最相似图片的效果。

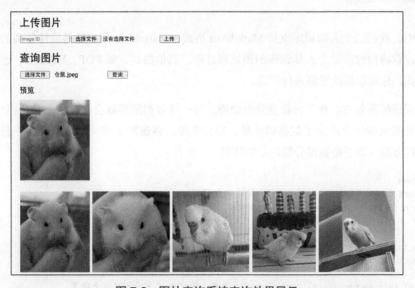

图 7-2　图片查询系统查询效果展示

至此，我们已经完成了一个图片查询系统原型的开发。该系统允许用户上传历史图片以建立图片库和图片向量索引。基于这个图片库，用户可以上传任意图片来查询库中的相似图片。整个系统从客户端 UI 到图片的向量化、数据库写入，乃至最底层的向量数据库实现，都在本系统中一体完成。这是一个 100% 独立闭环的系统。如对此感兴趣，你可以在这个版本的基础上，进一步完善客户端效果并增加更多功能。

7.2　搭建个人知识库

在向量数据处理领域，除了图片处理外，我们还经常遇到基于已有知识的查询和阅读理解的应用场景。在这种场景下，用户可以将私人知识向量化后存储到向量数据库中，然后利用这些知识进行查询，并结合大模型来回答各种问题。我们将这种系统称为个人知识库。

要构建这样的个人知识库，通常需要经过以下几个核心步骤。

(1) 个人知识预处理：涉及将大型知识库进行分段，以便单独通过向量化模型进行向量化。

(2) 知识向量化：涉及将分段完成的数据向量化后存储到向量数据库中。

(3) 知识库管理：提供端到端的应用程序，支持用户上传知识库文件。

(4) 知识问答：在端到端的应用程序中提供问题入口，后台接收用户的问题后，将问题与最相似的分段数据交给大模型，大模型进行回答并将答案返回给用户。

7.2.1　知识预处理

在本例中，我们的个人知识库支持 Markdown 格式。Markdown 是一种易读性较高的文本存储格式，基于此，我将向你演示个人知识库的预处理过程。其他格式，如 PDF、Word 等，也可以采用类似的处理方式，你可以依此思路进行扩展。

个人知识预处理的核心在于将数据分段处理。每一段数据随后都会被交给向量化模型进行处理。分段的效果在很大程度上决定了数据的质量。通常来说，将逻辑上相关的段落放在一起，是一个不错的初始实践方案。以下是数据分段的示例代码。

```python
import markdown
from bs4 import BeautifulSoup  # 用于解析和操作 HTML 文档
from transformers import AutoTokenizer, AutoModel  # 用于自动加载预训练的模型和分词器
import torch  # 用于深度学习计算

def markdown_to_html(markdown_text):  # 定义函数，将 Markdown 文本转换为 HTML
    return markdown.markdown(markdown_text)  # 使用 markdown 函数进行转换

def split_html_into_segments(html_text):  # 定义函数，将 HTML 文本分割成多个段落
    soup = BeautifulSoup(html_text, "html.parser")  # 解析 HTML 文档
```

```
segments = []  # 初始化一个列表，用于存储分割后的段落
# 查找 HTML 文档中的标题、段落、无序列表和有序列表标签
for tag in soup.find_all(["h1", "h2", "h3", "h4", "h5", "h6", "p", "ul", "ol"]):
    segments.append(tag.get_text())  # 提取每个标签的文本内容，并添加到段落列表中
return segments  # 返回包含所有段落的列表
```

这段代码包含两个函数，markdown_to_html 用于将 Markdown 格式的文本转换成 HTML 格式，而 split_html_into_segments 则用于将 HTML 文档分割成多个段落，这些段落可以是标题、段落、列表等。

选择将 Markdown 转换为 HTML 的主要原因是行业内针对 HTML 格式的处理工具相对成熟，这使得后续数据加工更为方便。此外，当格式固定之后，提交给大模型处理时，这些模型通常对有固定格式的数据更友好。当然，这里的数据格式是一种可选策略，具体的选择需要根据具体业务场景来确定，核心的目标是保留一定的格式，方便后续的再次加工和模型理解。

格式转换完成后，我们使用 Beautiful Soup 库进行段落拆分。在这一过程中，所有单独的段落和表格数据都被整合为一个段落的最小单元。目前的拆分策略相对简单，还有许多优化空间。例如，可以考虑将前一个段落的结尾句和后一个段落的第一句补充到当前分段中、将标题融入段落内部、控制每段的字符数目等优化策略，你可以根据自己的情况逐步调整和实施。

7.2.2 知识向量化

在完成知识预处理后，我们得到了便于后续向量化处理的分段数据。目前行业内存在许多成熟的模型可以将字符串转换为向量。在本例中，我们选择了效果相对较好的 BGE（BAAI General Embedding，北京智源人工智能研究院通用向量化）模型。以下是相关向量化处理的代码示例。

```
from transformers import AutoTokenizer, AutoModel
import torch

# 定义函数，用于将文本段落转换为向量表示
def vectorize_segments(segments):
    # 使用预训练的分词器和模型，这里使用的是 BAAI/bge-large-zh-v1.5，一个中文模型
    tokenizer = AutoTokenizer.from_pretrained("BAAI/bge-large-zh-v1.5")
    model = AutoModel.from_pretrained("BAAI/bge-large-zh-v1.5")
    model.eval()  # 将模型设置为评估模式，关闭模型中的 dropout 等训练时使用的参数
    # 使用分词器对文本段落进行编码，添加必要的填充和截断，并返回 PyTorch 张量格式
    encoded_input = tokenizer(segments, padding=True, truncation=True, return_tensors="pt")
    with torch.no_grad():  # 使用上下文管理器，确保在代码块执行完毕后释放计算图
        model_output = model(**encoded_input)  # 将编码后的输入传递给模型，获取模型的输出
        sentence_embeddings = model_output[0][:, 0]  # 从模型输出中提取句子向量化的结果
    # 对句子向量化的结果进行 L2 归一化，以便于后续的相似度比较或聚类分析
    sentence_embeddings = torch.nn.functional.normalize(sentence_embeddings, p=2, dim=1)
return sentence_embeddings  # 返回处理后的句子向量化的结果
```

vectorize_segments 函数使用了 transformers 库中的 AutoTokenizer 和 AutoModel 来导入名为

BAAI/bge-large-zh-v1.5 的中文向量化模型及其分词器。该模型为预训练模式，可以在代码中直接使用。我们首先使用 tokenizer 进行分词，然后通过 model 执行向量化操作。向量化的结果被存储在 sentence_embeddings 中。最后，使用 torch.nn.functional.normalize 进行归一化处理，这样便于后续计算向量相似度。归一化后的向量随后可以存储到向量数据库中。

7.2.3 知识库管理

为了便于用户后续操作，我们提供了一个完整的客户端界面。通过这个界面，用户可以方便地录入知识。类似于我们在 7.1.2 节中所做的，我们选择了基于 Flask 框架来构建知识库的整体录入界面以及后续的查询界面，相关代码的目录结构展示在表 7-2 中。

表 7-2 个人知识库系统目录结构

目录结构	包含内容	描 述
static	script.js	客户端事件处理的 JavaScript 代码
templates	index.html	客户端界面代码，提供了上传知识和知识问答的入口
vector_db_sdk	client.py __init__.py	第 6 章实现的向量数据库 SDK，提供向量化数据的写入和查询 SDK
/	app.py markdown_processor.py	app.py 中实现了 Flask 的入口程序，处理客户端的请求。markdown_processor.py 存储的是 7.2.1 节和 7.2.2 节实现的知识预处理和向量化功能

接下来，我们重点介绍 app.py 中的代码细节，以便了解后端如何处理知识的录入、向量化，并支持知识的存储与问答。由于 app.py 的启动和监听代码与 7.1.2 节中的相似，因此不再重复介绍，我们将从知识录入部分开始详细说明。

```python
# 定义处理 HTTP upload 请求的路由，用来上传文件
@app.route("/upload", methods=["POST"])
def upload():
    if "file" not in request.files:
        return jsonify({"error": "No file part in the request"}), 400
    file = request.files["file"]
    if file.filename == "":
        return jsonify({"error": "No file selected for uploading"}), 400
    # 将 Markdown 文本转换为向量表示（假设文件编码为 UTF-8）
    markdown_text = file.read().decode("utf-8")
    html_text = markdown_to_html(markdown_text)
    segments = split_html_into_segments(html_text)
    vectors = vectorize_segments(segments)
    # 使用 VectorDatabaseSDK 将段落文本和对应的向量上传到数据库
    for i, (segment, vector) in enumerate(zip(segments, vectors)):
        vector_id = i + 1  # 使用段落的索引加 1 作为 ID
        db_sdk.upsert(id=vector_id, vectors=vector.tolist(), text=segment)
    return jsonify({"message": "File has been processed"})
```

在服务端的 upload 函数中，我们接收了客户端上传的 Markdown 文件。首先，我们将这个 Markdown 文件转换为 HTML 格式，然后进行分段处理。分段后的原始文本被存储在 vectors 变量中。基于这个变量，我们使用 db_sdk.upsert 将向量数据写入到向量数据库中。需要特别注意的是，除了向量数据之外，我们也将分段后的文本元素存储在向量数据库中。这些文本元素在后续使用大模型进行问答时将会被用到。

7.2.4　知识问答

在实现了 upload 功能，支持上传 Markdown 文件之后，用户的私人知识现在已被按照较小的段落存储。下一步，我们将继续实现查询和问答部分。以下是相关代码的实现。

```python
@app.route("/search", methods=["POST"])
def search():
    data = request.get_json()
    search_text = data.get("search")
    # 将前缀添加到查询字符串
    instruction = "为这个句子生成表示，用于查询相关文章："
    search_text_with_instruction = instruction + search_text
    # 将修改后的查询向量化
    search_vector = vectorize_segments([search_text_with_instruction])[0].tolist()
    # 使用 VectorDatabaseSDK 查询最近邻的向量
    search_results = db_sdk.search(vectors=search_vector, k=5)
    # 构建与大模型 API 交互的消息列表
    messages = [
        {"role": "system", "content": "You are a helpful assistant. Answer questions based solely on the
            provided content without making assumptions or adding extra information."}
    ]
    result_ids = search_results.get("vectors", [])  # 解析查询结果
    # 根据查询结果的 ID 查询对应的文本内容
    for result_id in result_ids:
        # 确保 ID 是整数类型
        if not isinstance(result_id, int):
            result_id = int(result_id)
        query_result = db_sdk.query(id=result_id)
        text = query_result.get("text", "")
        messages.append({"role": "assistant", "content": text})
    messages.append({"role": "user", "content": search_text})
    # 向 OpenAI 发送请求并获取回答
    response = client.chat.completions.create(model="gpt-3.5-turbo", messages=messages)
    answer = response.choices[0].message.content
    return jsonify({"answer": answer})
```

此实现分为以下三个阶段。

第一阶段：我们从 search 参数中获取用户输入的原始问题文本。值得注意的是，根据 BGE 模型的最佳实践，为了优化向量查询效果，我们在用户的问题文本前附加了额外的提示文本 instruction。

随后，我们通过 vectorize_segments 对叠加后的问题进行向量化处理，并将结果存储在 search_vector 变量中。

第二阶段：我们针对向量化后的 search_vector 通过 db_sdk.search 查询向量数据库，以获取与之最相似的 5 个分段向量数据。返回的数据中包含这些分段数据对应的 ID，这些数据是与大模型交互的基础。

第三阶段：基于查询到的最相似数据 ID，我们进一步组装了请求大模型的参数。在本例中，我们使用了 OpenAI 的接口，你也可以选择适合自己需求的大模型。我们提交给大模型的参数包括系统信息，并且定义了大模型应执行的任务，如下所示。

```
messages = [
    {"role": "system", "content": "You are a helpful assistant. Answer questions based solely on the
        provided content without making assumptions or adding extra information."}
]
```

将用户的输入发送给 GPT-3.5 模型，获取模型生成的回复，并将其作为 JSON 响应返回给客户端。

接下来，我们使用向量数据库的 SDK 来获取向量数据库中的原始文本，并将其组装进 messages 数组中，如 messages.append({"role": "assistant", "content": text})。这部分内容为大模型提供了回答用户问题所需的背景知识。没有这些背景知识，大模型将难以回答与用户的私有知识相关的问题。

最后，我们将用户的实际问题添加到 messages 中，并提交给大模型进行回答。代码实现如下所示。

```
# 将用户的查询文本添加到消息列表中，指定角色为 "user"
messages.append({"role": "user", "content": search_text})
# 使用指定的 GPT-3.5 模型（这里是 "gpt-3.5-turbo"）调用 API 来生成聊天续写
response = client.chat.completions.create(model="gpt-3.5-turbo", messages=messages)
# 从 API 响应中提取第一个续写的回答内容
answer = response.choices[0].message.content
# 将回答包装成 JSON 格式并返回，客户端可以解析这个 JSON 来获取回答文本
return jsonify({'answer': answer})
```

7.2.5 系统效果一览

至此，我们已经完成了个人知识库的搭建。由于相关的 HTML 和 JavaScript 代码相对简单，这里不再介绍。图 7-3 展示了系统初始状态的界面。

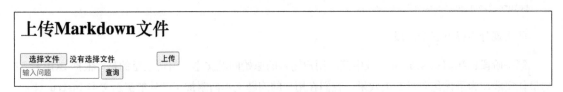

图 7-3 个人知识库初始状态界面

为了更好地演示个人知识库的效果，我们利用大模型生成了一个虚构故事。这个做法旨在证明大模型回答问题时所用的知识并未在之前的训练中被预先涵盖。以下是这个故事的 Markdown 文件的部分内容。

第一章：神秘的森林

在一个宁静的小村庄旁，有一个古老而神秘的森林。传说中，这片森林里居住着各种奇幻的生物，还隐藏着许多未知的秘密。小明，一个好奇心旺盛的小男孩，和他的朋友们决定探索这个神秘的森林。

准备出发

小明和他的好朋友小华，以及几个同村的伙伴，一起准备了必要的探险装备：背包、水壶、食物、急救包，还有一张村子附近的地图。他们约定好相互照应，不管遇到什么情况都不会单独行动。

小明说："我们一定要小心，这里可能有未知的危险。"他的朋友小华兴奋地点点头，脸上满是期待和激动。

踏入森林

他们穿过了村庄的边界，踏入了茂密的森林。森林里的景象远比他们想象中的还要神奇，巨大的树木仿佛通往天际，奇花异草遍地都是，还有些他们从未见过的色彩斑斓的蝴蝶在空中飞舞。

他们发现了一条岔路：
- 左边的路看起来阴暗而神秘，笼罩在一层薄雾中。
- 右边的路充满了阳光和花朵，看起来更加温暖和宜人。

小华说："我们走右边的路吧！看起来更加美丽。"

这个故事是我们专门为本次测试构造的虚构内容。在没有个人知识库作为背景的情况下，大模型难以回答故事中的相关内容。图 7-4 展示了我们的系统针对实际问题的回答效果。

上传Markdown文件

选择文件 children_ad...ure_story.md 上传
文件已处理并上传向量到数据库
这是个什么故事 查询

{
"answer": "这是一个以小明和小华为主角的冒险故事。故事中，他们探索了一个神秘的森林，并与各种奇幻生物和漫画角色相遇。他们的冒险充满想象力和挑战，通过保持好奇心和勇气，他们发现了生活中的奇遇。"
}

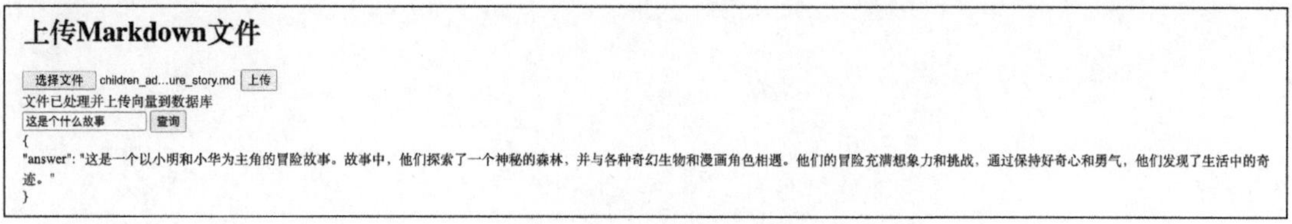

图 7-4　个人知识库对实际问题的回答效果

在这个示例中，我们将上传的虚构故事作为背景。值得注意的是，大模型并未以无根据的方式胡乱回答问题。相反，它是根据我们提供的实际文章内容来进行回答的。如对此感兴趣，你可以利用本书提供的源码进行更多相关的问题验证和测试。

7.3　小结

在本章中，基于本书前面实现的向量数据库的写入和查询能力，我们构建了两个应用案例，以便帮助读者通过具体的应用场景更深入地理解向量数据库在实际业务中的应用。

　　第一个案例展示了一个端到端的图片查询系统。该系统的关键实现步骤包括将图片转化为向量、利用向量数据库进行存储与查询，以及开发相应的 Web 应用。随着图片向量化技术的快速发展，ResNet 成为一个较好的模型选择。在这个案例中，我们选用了 ResNet 模型来实现图片的向量化。Python 语言的易用性使得在应用程序中集成这种向量化过程变得简单。向量化完成后，我们利用之前介绍的向量数据库 SDK 轻松地完成了数据的写入和查询任务。接着，通过使用 Flask 框架，我们成功构建了整个端到端应用程序。借助模块化的方法，应用程序的开发过程实际上并不复杂，这再次展现了在计算机工程领域中，复用和模块化是如何帮助我们高效达成目标的。

　　第二个案例关注的是非结构化文本数据管理的应用。在生活和工作中，我们经常面临个人或企业私有数据的管理挑战，这类数据往往较为复杂。我们采用了分段、向量化，以及利用大模型的处理方法，迅速构建了一个个人知识库的原型。这个原型能够有效地管理和组织个人知识数据，从而产生社会价值。目前的原型还处于基础阶段，你可以根据自己的需求进一步开发，利用自己的创造力实现更多功能。

　　在本章的最后，我想跟你分享自己的一个感悟。我推崇实践型学习方法，源于我对技术圈一句知名的洞察的延伸思考：“我们往往高估一项技术在短期内的影响，而低估其长期影响。”我在第 6 章的章首分享过这句话。我相信，只有深入观察并亲身体会技术发展所带来的变革，我们才能更加客观地评估技术趋势，保持短期的冷静判断，认识中期的曲折进化，坚定长期的深远目标，从而能够从容不迫地完成我们的技术之旅。

第 8 章
展　望

你的时间有限，所以不要浪费时间去过别人的生活。

——史蒂夫·乔布斯（Steve Jobs）

2023 年，向量数据库成为行业内的关注焦点，其根本原因在于向量数据库能够解决一些大模型无法应对的问题。在大模型时代，人类处理数据的方式主要有两种：一种是通过预训练或微调将知识更新到大模型中，另一种是通过向量数据库将数据接入大模型中。预训练或微调的方式面临着更新效率低和成本高的挑战，我们称之为大模型在知识更新方面面临的"时间限制"。这导致大模型难以理解较新的数据（例如小时或天级别）。另外，大模型本身缺乏有效的数据隔离机制，它将所有知识扁平化地集成到模型内部，这在数据私密性方面构成挑战，我们称之为大模型面临的"空间限制"。"时间限制"与"空间限制"导致将企业私有数据更新到外部大模型中十分困难，即使是本地部署的大模型，也难以针对企业不同领域的数据分别加以训练，因为成本过高。

这两方面的限制意味着在大模型时代，数据与大模型的配合需要依赖更加专业的数据库，即专门用于存储和处理向量数据的向量数据库。大模型技术的发展日新月异，向量数据库为了服务好大模型时代，有哪些可能的发展趋势呢？

本章将从两个不同的视角探讨向量数据库可能的发展趋势。首先，我们将从人类过去几十年调度算力和数据的演进方式出发，以此来展望在大模型时代，向量数据库是否可能承担起更广泛的平台化角色。这一视角着重于从历史的角度展望未来。其次，我们会聚焦于向量数据库当前已经服务的 RAG 场景，从应用层面出发，分析向量数据库在服务这个场景时，可以在哪些方面进行增强和优化。这一视角更注重于从现有应用中发现并扩展向量数据库的能力。

希望通过这两个维度的探讨，我们可以更全面地理解向量数据库的发展方向，以及它们在大模型时代的重要性和可能带来的新机遇。

8.1 从行业演进视角看

计算机行业在过去几十年的发展过程中经历了几次浪潮：从大型机时代，到 PC 互联网时代，再到移动互联网时代。而现在，我们可能正在迈进大模型时代。随着计算机时代的变迁，人类调度算力和数据的方式也在逐步发展：从最开始在实验室环境下使用算力和数据，到通过数据中心使用算力和数据，再到通过云计算的方式使用算力和数据。要调度好这些算力和数据，背后离不开程序员的辛苦付出。基于程序员编写的海量代码，人们构建了一个又一个平台化的产品，例如调度算力的算力虚拟化平台、调度离线数据的大数据平台、调度在线数据的分布式数据库平台等。平台化有两个重大价值：第一是帮助我们实现资源的分时复用，从而降低每个人使用资源的成本；第二是降低使用门槛，让使用者可以不关注底层的细节，开箱即用。产品能力平台化是计算机行业发展过程中顺理成章的一种模式。我们可以更进一步探讨：随着 AI 技术的广泛应用，在大模型时代，人类调度算力和数据的方式会如何发展？是否也会有类似的平台化发展机遇出现？

8.1.1 人类调度数据新范式

在计算机行业的早期，程序员通过在纸带上打孔，将程序指令和数据以特定的格式输入到计算机中，这种方法的编程效率非常低。随后，随着汇编语言、高级编程语言的发明，编程变得越来越高级、灵活、高效。在计算机行业的演进过程中，人类的生产效率得到了极大提升。然而，从计算调度角度出发，不论哪个时代，不论算力如何，程序员始终在调度算力中扮演着不可或缺的角色。他们是通过操作编程语言来完成这一角色任务的，我们不妨将这种范式称为"人类通过编程语言调度算力"，如图 8-1 所示。

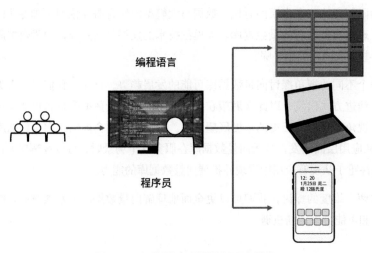

图 8-1　人类通过编程语言调度算力

具体来说，我们使用的各种网页应用和移动应用大多是基于程序员手动编写代码而成。在这个过程中，程序员本质上扮演了"中介"的角色，将人类的需求翻译成机器能够识别的计算机程序。要完成这种翻译，程序员需要熟练掌握编程语言，辅助人类与机器进行交流。这种方式已运行了几十年，直至最近大模型的出现。在大模型时代，人类调度算力的方式可能会发生巨大改变。

在大模型时代，通过预训练，大模型吸收了人类社会海量的知识，从而获得了理解人类自然语言的能力，即我们常说的"推理能力"。人们可以开始用自然语言指引大模型承担一些重要任务，如编写程序、撰写文档、解读文章等。我们不妨将这种范式称为"人类通过自然语言调度算力"，如图 8-2 所示。

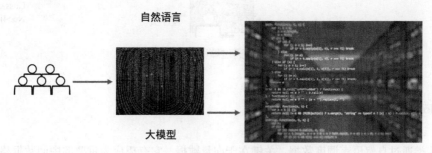

自然语言

大模型

图 8-2　人类通过自然语言调度算力

本质上，这一范式转变具有深远意义：它使得原本需要程序员承担的中介任务，现在可以通过具有更强泛化能力的大模型来实现。"泛化"在此处意味着大模型的通用性更强，它能够处理覆盖人类各方面需求的计算任务。相比之下，每个程序员可能只擅长处理有限甚至特定领域的任务。基于大模型的计算平台有潜力成长为新一代智能计算平台，人类社会的数字化进程有望大大提速。

然而，要完成真实世界的数字化，除了计算层面的数字化外，还需要考虑数据层面的数字化。过去几十年的发展表明，随着人类需要调度的算力逐步发生变化，人类使用计算机调度数据的方式也在逐步变得多样化。在大模型时代之前，人类调度数据大体有硬盘文件系统、关系型数据库和非关系型数据库等方式，我们不妨将这种范式称为"人类通过编程语言调度数据"，如图 8-3 所示。

我们注意到，人类调度数据的方式与人类调度算力方式的演进具有协同关系，同时，这几种调度数据的方式也依赖程序员操作编程语言使用对应的交互协议来完成，即程序员继续扮演"中介"的角色。然而，正如图 8-2 所描述的，一旦我们能够通过自然语言调度算力，我们就会逐步减少对程序员这个"中介"角色的依赖。随着"中介"角色承担的任务越来越少，如果我们要协调算力和数据的调度，那么我们自然而然地也需要通过自然语言调度数据。我们不妨将这种范式称为"人类通过自然语言调度数据"。

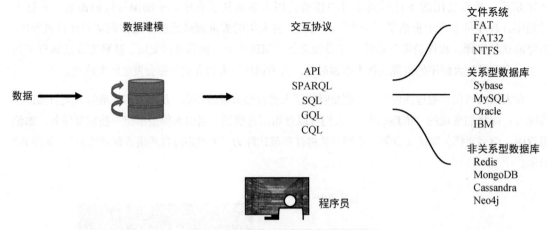

图 8-3 人类通过编程语言调度数据

8.1.2 向量数据抹平数据格式差异

实现人类通过自然语言调度数据,关键在于向量数据,它有望成为重要的中间数据格式。具体的实现方式如图 8-4 所示。

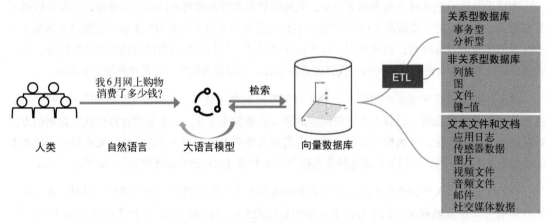

图 8-4 向量数据成为中间数据格式

在过去几十年的快速发展中,人类世界已经积累了海量历史数据,其中有小部分是结构化的,但更多是非结构化的。面对这些数据,我们最大的挑战是实现格式的统一。向量数据天然具备统一格式的特性。通过向量化,我们可以将不同格式的数据统一到相同的向量格式下,从而使人类可以与这种统一格式的数据进行交互。

统一的数据格式不仅仅是为了方便集中存储数据,更重要的是,人类的自然语言也可以向量化。这样,我们对数据的调度指令本质上也成了一种向量数据。向量化后的指令数据可以自然地与向量数据库中的数据进行交互,从而实现人类通过自然语言调度数据。

一旦向量数据格式成为人类抹平各种历史存量数据格式的关键,我们需要处理的向量数据就会出现爆发式增长,由此带来的结果就是,只有基于更强大的向量数据库,我们才能够更好地管理海量的向量数据。因此,平台化地构建向量数据库便成了我们重点关注的方向。向量数据库平台化意味着成本和使用门槛都要更低。在过去几十年计算机行业的发展过程中,基于平台化的思路构建产品能力的有效性已经被验证过很多次。

8.1.3 向量数据库平台化的关键

向量数据库的平台化旨在解决向量数据爆发式增长带来的向量数据管理的挑战。一方面,我们需要做好数据库的核心能力建设,只有具备企业级能力的向量数据库才能够更好地服务大模型时代,我们不妨称这个方向为"DB for AI";另一方面,随着 AI 技术的发展,想要进一步降低开发者的使用成本和门槛,我们还需要将 AI 能力(即智能化)融入向量数据库中,我们不妨称这个方向为"AI for DB",如图 8-5 所示。

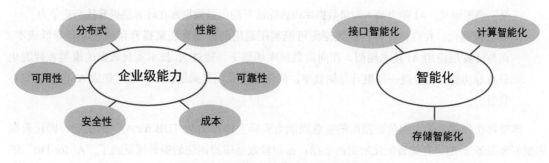

图 8-5 向量数据库平台化的关键维度

向量数据库要在大模型时代承担管理海量向量数据的重任,数据库系统本身的企业级能力将成为其立足之基。企业需要在以下几个关键维度做到极致。

- □ 分布式:利用完善的分布式系统,在单实例情况下存储更大规模的向量数据,如千亿甚至万亿行级数据。
- □ 性能:结合软硬件技术,降低数据访问延迟,从而提高整个系统的吞吐能力,例如达到毫秒级延迟。
- □ 可靠性:通过副本冗余和一致性模型,在节点故障或异常时快速恢复数据,防止数据丢失。

- □ 成本：运用高效算法和硬件介质，提高数据存储和访问的成本效益，使开发者能够存储更多数据，挖掘更多商业价值。
- □ 安全性：通过访问认证、行为审计等安全措施，确保用户数据安全，防止数据泄露等安全问题。
- □ 可用性：通过节点冗余，增强系统在单节点故障时的服务能力，保证业务连续性，使开发者能够持续提供服务。

这些企业级能力在数据库技术领域已有多年积累。对于向量数据库而言，我们可以站在巨人的肩膀上，将传统数据库领域的积累移植过来，以便更好地服务海量向量数据。当然，除了传统数据库领域的积累，AI 技术的发展也带来了一些帮助向量数据库进一步提升的手段，我们可以站在 AI 这个巨人的肩膀上，从以下三个层次对向量数据库做智能化提升。

- □ 接口智能化：由于向量数据库需要实现让人类通过自然语言调度数据，其对外提供的接口必须基于自然语言。这与传统数据库的查询语言存在显著差异。只有那些能够实现基于自然语言调度数据的向量数据库，才能更好地应对大模型时代的挑战。
- □ 计算智能化：在大模型时代，向量数据库的内核也需应用 AI 技术。例如，传统关系型数据库中的 sort 函数用于查询结果排序，sort 函数往往基于数的数学比较，例如大于、小于；而向量数据库可以利用 AI 能力将这类排序功能升级，实现对结果按照语义顺序进行重排序，例如积极语义、消极语义。AI 能力融入向量数据库内核能够帮助向量数据库在计算层提升核心竞争力。
- □ 存储智能化：在存储层，传统数据库可能利用通用的压缩算法来提升存储效率和降低成本。而与计算层应用 AI 技术相似，在向量数据库场景下，通过 AI 技术实现数据的聚类和智能化分布等功能，可以进一步提升存储效率。向量数据库在存储层也可以通过集成 AI 以增强核心竞争力。

需要再次强调的是，向量数据库的企业级能力实际上体现的是"DB for AI"的概念，即让数据库更好地服务于 AI，存储智能化所需的数据；而向量数据库智能化的提升则反映了"AI for DB"的概念，即利用 AI 进一步提升数据库的服务能力。AI 能力、向量数据和向量数据库这三者将形成飞轮效应，相互促进，在大模型时代推动整个行业快速发展。

8.2 从行业应用视角看

为了解决大模型在"时间"和"空间"上的限制问题，AI 应用的开发者们往往需要通过外挂知识库的方式帮助大模型补充私域知识。在现阶段，RAG 技术是大家普遍用来解决大模型这些限制问题的技术方案。向量数据库作为 RAG 技术的核心组件，主要为检索（retrieval）阶段服务，检索的效果（准确率、性能、成本等）将直接决定后续生成（generation）阶段的效果。作为 RAG 技术的核心组件服务好 AI 行业的应用发展，将是向量数据库一段时间内的重点发展方向之一。

8.2.1 RAG 简介

RAG 是一种结合了检索和生成的自然语言处理技术。它通常用于增强语言模型的能力，特别是在需要从大量数据中检索信息并基于这些信息生成文本的场景中。RAG 定义了一种大模型使用外部数据的模式，包括知识生产、存储、检索、与大模型的结合等环节。为了方便理解，我们以一个基于 RAG 技术构建知识库的流程来说明 RAG 技术的各个环节，如图 8-6 所示。

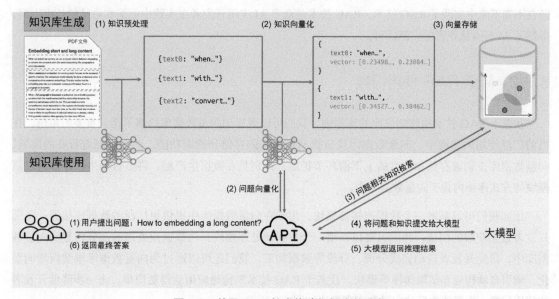

图 8-6　基于 RAG 技术构建知识库的流程

整体流程可以分为知识库的生成和使用。在生成端，我们专注于如何将知识有效组织并存储到向量数据库中，涉及以下几个子步骤。

(1) 知识预处理：将开发者已有的知识文件分拆成多个独立的小片段，这些小片段代表后续被检索的最小知识单元。

(2) 知识向量化：基于最小知识单元，选择合适的向量化模型，将知识转换为向量数据。

(3) 向量存储：基于向量化结果，选择合适的索引类型将向量存储到向量数据库中。

在使用端，我们专注于面向知识的检索和与大模型的互动，涉及以下几个子步骤。

(1) 用户提出问题：用户通过应用界面提出一个问题，例如这里的问题是：How to embedding a long content？（如何将长内容向量化？）

(2) 问题向量化：通过与知识库相关的向量化模型对用户的提问进行向量化，得到问题的向量表示。

(3) 问题相关知识检索：从知识库中召回与问题相关的知识，以便后续提供给大模型使用。

(4) 将问题和知识提交给大模型：将问题和检索到的相关知识一并提交给大模型。

(5) 大模型返回推理结果：大模型收到问题和相关知识后进行推理，返回推理结果。

(6) 返回最终答案：基于大模型的推理结果，向用户返回最终答案。

结合知识库的生产端和使用端，我们可以方便地把企业或个人数据与大模型融合，打造一个私人知识库。你可能会发现，这种实践方式实际上与我们在第7章讨论的编程模型完全一致，我们已经在不知不觉中实践了 RAG 技术。RAG 技术是众多 AI 应用开发者在实践中沉淀和总结的技术方案，得到了 AI 行业从业者的广泛认可。

8.2.2 降低 RAG 使用门槛

在基于 RAG 技术构建知识库的流程中，我们可以观察到向量数据库扮演了至关重要的角色。在当前广泛使用的流程中，向量数据库仅负责向量数据的存储和检索功能。然而，随着行业的发展，向量数据库正朝着存储和检索的上下游环节扩展。特别是在数据生产端，许多数据生产环节将以新模块的方式逐步内置于向量数据库中。

比如我们可以新增一个数据连接器模块，用于在向量数据库中提供更广泛的数据连接器，降低开发者数据获取的门槛。我们也可以新增一个数据预处理模块，将数据预处理的部分内置到向量数据库中，帮助开发者自动完成分词、分段等数据加工。我们还可以通过为向量数据库继续新增向量化、索引自动构建和结果排序等模块，让基于 RAG 技术来构建应用变得更简单，进一步降低开发者的使用门槛。扩展能力后的向量数据库模块如图 8-7 所示。

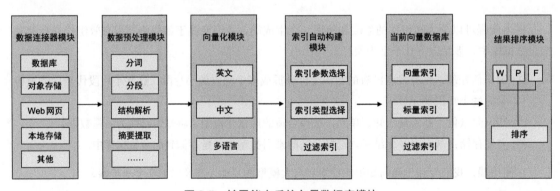

图 8-7 扩展能力后的向量数据库模块

以下是这些模块的详细能力介绍。

- 数据连接器模块：鉴于人类社会存量数据的多样性，向量数据库内置的连接器可以快速从其他数据系统导入数据，极大地扩展了向量数据库的边界，使外部数据能够迅速流入向量数据库。
- 数据预处理模块：在 RAG 技术流程中，由于原始数据通常体积庞大，需要开发者事先进行分割处理。向量数据库内置的标准数据预处理器将大幅简化开发者的处理流程，使开发者无须关心数据的转换。这个预处理过程类似于传统数据库领域的数据转换 ETL（extract, transform, load，提取、转换、加载）过程。
- 向量化模块：在内置的连接器和预处理模块的帮助下，用户数据已经流入向量数据库系统。但这些原始数据无法直接存储于向量数据库，此时需要向量数据库提供内置的向量化模型来完成数据的向量化。
- 索引自动构建模块：在传统向量数据库中，开发者需要预先指定相关的索引类型和索引参数。向量数据库可以自动化这一配置，实现"Autoindex"——索引自动构建的能力。自动索引功能可以大幅降低开发者的使用成本和提升检索效果。
- 结果排序模块：在大模型时代，对用户知识的检索返回的 k 个基于向量相似度的结果，可以通过模型技术进行二次排序，使排序后的结果更贴合用户的检索需求，提升大模型回答用户问题的准确性。

可以看到，随着 RAG 技术方案在 AI 行业的广泛应用，向量数据库将有许多演进和提升的方向。在逐步服务好这些 AI 应用场景的开发者的同时，向量数据库的边界也将不断被拓宽，从而更好地服务 AI 应用开发者，产生更多的 AI 应用。形成 AI 能力、向量数据和向量数据库三者之间的飞轮效应，从而推动整个行业的发展。

8.3　小结

作为云计算领域的"老兵"，我目睹了云计算从被质疑到成为社会基础设施的全过程。我深知推广新技术所面临的困难和挑战。技术的发展往往会经历长达十年甚至更久的周期，云计算正是经历了这样的周期，AI 也正在经历同样的过程。2023 年，AI 技术大放异彩，引起了全世界的广泛关注，也拉高了人们的期望。然而，我预计这种高涨的热情很快会进入一个平稳期，随之而来的可能是对 AI 技术可行性更为审慎的探讨。

我强烈建议技术人员保持理性，深入研究技术。只有深入技术细节，才能准确评估技术与实际需求的契合度。通过持续将技术应用于满足用户的需求，并积极响应用户的（正面或负面）反馈，我们才能实现小步快跑式的迭代发展，这是一种务实且有效的技术商业化的策略。

　　向量数据有望成为 AI 时代重要的数据结构，而存储和检索向量数据的专业向量数据库将有极大的可能在 AI 时代扮演重要角色。深入探索向量数据库的技术演进，有助于我们深入了解 AI 的技术进步。不过，向量数据库在发展过程中必然也会遇到诸多挑战，可能最终变得与现在完全不同，甚至不再被称作向量数据库。但只要我们深入参与整个演进过程，并在这个过程中保持好奇心，积极实践，我们就能在 AI 时代"构建"更优秀的自己，打造更优秀的产品。

　　一切才刚刚开始，未来还有许多功能（梦想）等待我们去实现！